本著作资助项目：1 河北省科技厅项目，承德医学院院士工作站建设专项（199A7759H）；2 河北省外专局项目，基因组不稳定性与疾病的相关研究（2019YX027A）；3 河北省高等学校科学技术研究重点项目：（GD2015002）

WISTAR
DASHU JISUI XINGTAIXUE TUPU
WISTAR 大鼠脊髓
形态学图谱

任立群◎主编

吉林大学 出版社
JILIN UNIVERSITY PRESS

图书在版编目（CIP）数据

WISTAR大鼠的脊髓形态学图谱 / 任立群主编. -- 长春：吉林大学出版社，2021.3

ISBN 978-7-5692-7939-9

Ⅰ.①W… Ⅱ.①任… Ⅲ.①鼠科—脊髓—动物形态学—图谱 Ⅳ.①Q959.837.04-64

中国版本图书馆CIP数据核字（2020）第250714号

书　　名　WISTAR大鼠的脊髓形态学图谱
　　　　　WISTAR DASHU DE JISUI XINGTAIXUE TUPU

作　　者　任立群　主编
策划编辑　田茂生
责任编辑　王　丽
责任校对　崔吉华
装帧设计　中尚图
出版发行　吉林大学出版社
社　　址　长春市人民大街4059号
邮政编码　130021
发行电话　0431-89580028/29/21
网　　址　http：//www.jlup.com.cn
电子邮箱　jdcbs@jlu.edu.cn
印　　刷　炫彩（天津）印刷有限责任公司
开　　本　710mm×1000mm　1/16
印　　张　9
字　　数　30千字
版　　次　2021年3月　第1版
印　　次　2021年3月　第1次
书　　号　ISBN 978-7-5692-7939-9
定　　价　68.00元

编 委 会

主 编：任立群（河北省神经损伤与修复重点实验室、承德医学院）

副主编：王天仪（河北省神经损伤与修复重点实验室、中国人民
解放军联勤保障部队第九八一医院）

陈志宏（承德医学院）

董现玲（河北省神经损伤与修复重点实验室、承德医学院）

陈 龙（河北省神经损伤与修复重点实验室、承德医学院）

范彦芳（承德医学院）

付秀美（河北省神经损伤与修复重点实验室、承德医学院）

编 委：李 娜（承德医学院）

张 超（河北省神经损伤与修复重点实验室、承德医学院）

孟 鑫（河北省神经损伤与修复重点实验室、承德医学院）

李莎莎（承德医学院）

田焕娜（承德医学院）

王明娟（承德医学院）

赵长祺（承德医学院）

陈 莹（承德医学院）

胡亚涛（承德医学院）

魏 炜（河北省神经损伤与修复重点实验室、承德医学院）

杨 岚（承德医学院）

杨志新（河北省神经损伤与修复重点实验室、承德医学院）

王天雨（河北省神经损伤与修复重点实验室、承德医学院）

齐洁敏（承德医学院）

刘振虹（承德医学院）

张 向（承德医学院）

目 录

CONTENTS

第一章　脊柱与脊髓影像检查技术

随着数字影像技术的发展，影像学检查在脊柱外科发挥着越来越重要的作用。脊柱影像学检查方法一般包括 X 射线平片（X-ray Plain Film）、计算机断层成像（computed tomography, CT）和核磁共振成像（magnetic resonance imaging, MRI）。本章将重点介绍脊柱与脊髓的三种影像学检查方法。

第一节　X 射线平片检查

X 射线平片是脊柱检查中最常用的检查方法之一，是影像学检查的基础。目前，医院配有计算机放射成像（computed radiography, CR）和直接数字放射成像（digital radiography, DR）系统。CR 和 DR 采用数字技术，提高了曝光宽容度，方便查看和存储。X 射线平片可排除一些明显的病情，可从形态、密度变化上判断病变。根据不同拍摄角度可将其分为正位片、侧位片、斜位片、伸屈动态侧位片以及特殊位片。

一、正位片

脊柱的正位片主要观察椎体和椎弓根的形态，椎间隙是否有狭窄，以及颈椎钩突、胸腰椎横突及椎体棘突是否正常。脊柱正位片也可显示脊柱规则排列程度，侧弯程度以及两侧腰大肌影是否正常[1]。

二、侧位片

侧位片主要观察椎体四个曲度是否正常，椎间隙是否狭窄，棘突是否有病变等。人体侧位片有助于观察椎间隙的宽窄程度，椎间孔的大小是否正常[2-3]。

三、斜位片

斜位片主要用于观察椎间孔大小是否正常，关节突形态、椎弓的形态及位置是否正常[4]。不同于正侧位片，斜位片拍摄时，需将 X 射线球管倾斜后垂直投照进行拍摄。

四、伸屈动态侧位片

伸屈动态侧位片主要用于观察脊柱的活动度及脊柱生理曲度的改变情况，也可以了解脊柱损伤、功能稳定状况等，检查时应保证患者充分伸展和屈曲，并进行侧位片拍摄[2,4]。

除此之外，一些特殊位片常用来显示特殊解剖形态及其相互位置。例如，颈$_{1-2}$开口位片用于显示颈$_{1-2}$解剖形态及其相互位置关系的变化。

五、全脊柱成像

全脊柱摄影技术是先对脊柱进行分段拍摄，然后经工作站后处理，拼接出全脊柱无缝连接的图像[5-6]，可为临床提供可靠数据。

第二节 脊髓（椎管）造影

脊髓造影是诊断脊柱疾病的重要方法。如果出现没有明显的骨折和脱位的脊髓损伤，X 射线平片不能诊断出这种疾病，这时就需要进行脊髓造影。它是指在穿刺后向脊髓蛛网膜下腔注射造影剂，以显示一系列椎管病理变化，如椎管内外肿瘤、椎间盘突出、韧带肥大和蛛网膜粘连。脊髓造影是一项创伤检查，不应作为常规检查。

临床上常用的造影剂是非离子型水溶性碘制剂，如碘必乐和碘迈伦等[7]。这种制剂具有刺激性小、易吸收、对比度清晰、毒副作用小及充盈良好等优点，可用于诊断蛛网膜下腔阻塞，确定脊髓功能损害病变性质。

根据造影剂走向，椎管造影检查技术可分为上行性造影与下行性造影。上行性造影，又称腰椎穿刺颈椎造影；下行性造影，又称小脑延髓池穿刺造影术[4]。需要说明的是，造影剂进入颈椎管后很难长时间保持相对稳定的状态，造影剂的流速也会随着身体的位置发生变化。因此，造影检查时，选择摄片时间显得至关重要。然而，随着 MRI 技术的进步，因脊髓造影属于有创检查，目前临床上已较少采用。

第三节 CT 检查

CT 成像技术对组织密度差异的分辨能力高，图像对比度高，在骨质结构、髓腔、周围软组织等方面能进行较好地展示，可发现 X 射线平片难以发现的病变。螺旋 CT 三维重建图像立体感强，有助于观察脊柱的整体形态。

一、常规 CT 检查

常规 CT 检查患者可仰卧或侧卧。根据病变部位及大小，调整扫描层厚，一般为 3 ~ 5 mm 或 5 ~ 10 mm[8]。通过设置特定的骨窗和软组织窗，可清晰显示断层结构。

二、增强扫描

静脉内注入造影剂进行脊柱扫描。成人一般剂量较为固定，儿童应按照体重计算。用于观察病变的血供情况、与周围血管的关系，也可用于做脊髓的血管造影[9]，重建出血管的三维形态结构。

三、脊髓造影 CT 扫描

脊髓造影 CT 扫描主要用于观察椎管内硬膜囊、椎间盘突出、椎管内病变等情况，并可进行脊髓测量。脊髓造影可增加椎管内硬膜囊的脊髓液与周围椎管的对比度[10]。脊髓造影 CT 技术在评估脊髓或神经压迫方面具有较好的临床价值。

四、脊柱多平面重建和三维重建

多平面重建（multi-planner reformation, MPR）是将扫描范围内所有的轴位图像叠加起来，再对某些标线标定的组织进行冠状、矢状和任意角度斜位图像重建[11-12]，无需重复扫描即可产生任意断层图像，但存在难以表达复杂空间结构的缺陷。

三维重建包括三维表面重建（surface rendering, SR）和体重建（volume rendering, VR）。SR 方法速度快，可提供脊柱的表面信息，但无法显示内部信息[12]。VR 是直接对体素进行明暗处理，有利于保留脊柱更多的细节信息。扫描时可根据需要选择较薄的层厚和较小的螺距，以及应用骨算法重建能够更好地显示。通过多平面重建和三维重建，有助于观察复杂解剖部位的细小病灶，显示脊柱畸形和脱位的立体形态，以及肿瘤对周围组织的侵犯等[13-14]。

CT 检查可以发现脊髓的形态学变化和明显的密度变化，增强 CT 扫描有助于定位和定性脊髓损伤。但是，由于病变脊髓与正常脊髓之间的密度差异不明显，因此脊髓病变的 CT 诊断仍存在明显不足。

第四节　MRI 检查

与传统的 X 射线平片和 CT 成像技术不同，MRI 成像可以在多个方向和参数上清晰显示椎体、椎间盘、蛛网膜下腔和脊髓等复杂的解剖结构，是脊髓的最佳检查方法。

一、检查方法

脊柱 MRI 扫描一般使用表面线圈或脊柱线圈，分为颈椎扫描、胸椎扫描和腰椎扫描。检查时，患者仰卧，从冠状平面定位并以矢状平面扫描，然后在 ROI 中进行横断面扫描。扫描序列

一般包含 T_1 加权图像（T_1 weighted imaging, T_1WI）和 T_2 加权图像（T_2 weighted imaging，T_2WI）等，层厚选择 3 ～ 8 mm[8]。

二、常规扫描

T_1WI 采用自旋回波序列（spin echo, SE）或快速自旋回波序列（fast spin echo，FSE），T_2WI 多用 FSE 序列。扫描平面包括矢状面和横断面，加扫冠状面可以观察两侧椎间孔和神经根。为了减少脑脊液流动、吞咽、心脏和大血管搏动以及腹部器官呼吸运动的伪影，矢状和冠状位扫描的相位编码设置为上下方向。在横断面扫描中，颈椎的相位编码通常是前后方向，而胸腰椎的相位编码是左右方向。

三、脂肪抑制

合理应用脂肪抑制技术可以明显提高图像质量，提高病变的检出率，以及提高诊断的准确性。目前，脊柱检查中常采用 STIR 技术，其在脊柱外伤[15]、转移瘤[16]以及椎管内肿瘤中已成为常规的检查方法。

四、弥散成像

弥散加权成像（diffusion weighted imaging, DWI）[17] 主要用于创伤性椎体骨折、病理性骨折和脊髓损伤变性等疾病的鉴别诊断。全身 DWI 技术，利用特殊的 DWI 序列实现全身扩散成像，可以有效地检测肿瘤转移，对全身性疾病具有重要的临床价值。

常规 T_2WI 无法显示脊髓的病理学改变，弥散张量成像（diffusion

tensor imaging, DTI）[18]可观察多发性硬化、脊髓软化、肌萎缩侧索硬化和脊髓损伤等病变，图像可清晰显示脊髓的细微结构和内部纤维联络。DTI 还能提供直观的纤维束示踪图像，具有极高的临床应用价值。

五、全脊柱 MRI 成像

全脊柱 MRI 成像主要用于观察脊柱畸形、脊髓空洞症和脊柱脊髓转移瘤等病变。检查时，为确保各段扫描线位置一致，且扫描参数一致，需要先采用三段法或二段法定位，再扫描矢状面，最后在工作站处理软件中，实现图像无缝隙拼接。

六、磁共振水成像

利用水的长 T_2 特性，采用重 T_2WI 序列，进行 MRI 扫描，可以使水保持较高的信号，同时降低其他组织的信号，实现水成像，从而实现椎管造影的效果[19]，可显示椎管内神经根的情况。它具有无创伤、速度快及不需对比剂等优点。

七、臂丛神经显示

臂丛神经节前段的显示主要利用 3D-FIESTA 序列完成磁共振脊髓造影[20]，强化了脑脊液、水和脂肪，而抑制了神经和肌肉信号，使得椎管内神经细根在脑脊液的天然对比下清晰地显示。通过 MPR 和 MIP 技术，可清晰显示各组神经根，三维重建图像可清晰显示各神经根形态。其具有快速成像、克服脑脊液流动伪影的优点。

第五节　小　结

　　本章简要介绍了三种脊柱与脊髓成像技术，每种技术都有其自身的优势。X 射线平片检查是筛查疾病的首选。但是，平片图像的清晰度有限并且图像重叠，这导致脊柱病变诊断准确率下降。CT 具有高图像分辨率和高密度组织成像功能，可精确测量骨骼结构之间的距离。然而，CT 扫描通常受限于操作者的技术水平和扫描平面的间隔。MRI 检查具有很高的灵敏度和分辨率，可以清晰地显示出 X 线平片和 CT 无法识别的脊髓、椎间盘、神经根等软组织损伤或骨挫伤。但 MRI 检查费用较高，检查时间较长。

参考文献

[1] 李明华. 脊柱脊髓影像学 [M]. 上海科学技术出版社，2004.

[2] 宋春娟，李大鹏. DR 在腰椎动力性侧位摄影中的应用价值 [J]. 江苏医药，2014，40（24）：3076-3077.

[3] 陈一明. X 线平片及螺旋 CT 在脊柱骨折中的诊断价值 [J]. 中国当代医药，2015，22（12）：87-88+93.

[4] 贾宁阳，陈雄生. 脊柱外科影像诊断学 [M]. 北京：人民卫生出版社，2013.

[5] 孙涛，姜勇，李大鹏等. X 射线数字成像在全脊柱摄影中的临床应用研究 [J]. 中国医学装备，2014，11（11）：31-33.

[6] 杨启顺. DR 全脊柱摄影技术在侧弯中的应用与优势 [J]. 影像技术，2016，28（4）：37-38+16.

[7] 王亚蓉，魏龙晓，白建军. 400mgI/ml 和 370mgI/ml 造影剂在脊髓血管 CTA 中的应用对比 [J]. 西南国防医药，2009，19（3）：281-284.

[8] 耿道颖. 脊柱与脊髓影像诊断学 [M]. 人民军医出版社，2008.

[9] 马廉亭. 脊髓血管造影诊断脊髓血管疾病的进展 [J]. 中国临床神经外科杂志，2016，21（3）：129-137.

[10] 张振玖，孟志斌，孙博等. 脊髓造影 CT 扫描对腰椎间盘突出继发脊髓马尾形态变化的诊断价值 [J]. 海南医学，2019，30（18）：2404-2407.

[11] 颜广林，何银. 螺旋 CT 多层面重建技术在脊柱骨折诊断中

的应用 [J]. 井冈山大学学报（自然科学版），2010，31（3）：98-101.

[12] 李在明，游继平，於唯鸣. 螺旋 CT 三维表面重建和多平面重建技术在脊柱骨折诊断中的应用 [J]. 华西医学，2006，21（4）：786-787.

[13] 曹晓华. X 线平片技术和多层螺旋 CT 三维重建技术在外伤性脊椎骨折诊断中的疗效差异分析 [J]. 影像研究与医学应用，2020，4（10）：111-112.

[14] 张豫. 螺旋 CT 三维重建在脊柱骨折诊断中的价值分析 [J]. 齐齐哈尔医学院学报，2014，35（9）：1309-1310.

[15] 葛建钢，王小乐. 低场磁共振快速自旋回波和脂肪抑制序列在脊柱损伤中的应用 [J]. 吉林医学，2016，37（7）：1618-1620.

[16] 陈向荣. MR T1WI 与 STIR 脂肪抑制序列对脊柱转移瘤诊断价值探讨 [J]. 福建医药杂志，2006，28（2）：31-33.

[17] 郑奎宏，马林. 脊髓弥散加权成像的研究及应用现状 [J]. 中国医学影像学杂志，2004，12（2）：144-145.

[18] 刘超，晏铮剑，邓忠良. MR 弥散张量成像在脊柱脊髓疾病诊断中应用的研究进展 [J]. 中华解剖与临床杂志，2016，21（3）：273-276.

[19] 王少纯，张国庆. 磁共振脊髓水成像技术在腰椎椎管狭窄症诊断中的应用价值 [J]. 中医正骨，2019，31（9）：30-32.

[20] 赵华丽，徐文鹏，梁宗辉. 创伤性臂丛神经损伤的磁共振成像 3D-FIESTA-C、IDEAL 序列特征及诊断价值 [J]. 诊断学理论与实践，2018，17（2）：197-201.

第二章　大鼠脊髓形态学研究方法

　　大鼠脊髓的外形与人类相似，存在于各部椎体的椎孔连接起来组成的椎管内，全长大约 8 ~ 11 cm，重量在 0.4 ~ 0.6 g 之间，脊髓表面覆盖有被膜，由上而下分布着颈膨大和腰膨大。大鼠的脊髓共有 34 个节段，即颈髓 8 节（cervical spinal cord, C）、胸髓（thoracic spinal cord, T）13 节、腰髓（lumbar spinal cord, L）6 节、骶髓（sacral spinal cord, S）4 节及尾髓（caudal spinal cord, Co）3 节。脊髓横切面的中央是细小的中央管，中央管周围是呈"H"形或蝴蝶形的灰质，灰质的外周是白质；脊髓与躯体、内脏、肌肉的运动和感觉密切相关，支撑机体的各组织器官能够正常运行。在针对大鼠脊髓的研究中，形态学是较常用方法之一，本章重点介绍大鼠脊髓形态学研究方法。

第一节　大鼠脊髓解剖取材与固定

一、大鼠脊髓各节段与椎体和脊椎之间的关系

　　大鼠脊髓和椎管的长度不相等，脊髓的长度要短于椎管的长度，颈、胸段的脊神经根基本上是垂直于脊髓穿出椎间孔的，因有 8 个颈髓节段，只有 7 个颈椎节段，所以大鼠脊髓节段 C_1 和 C_2 基本上与各自的椎体对齐，但更多的尾端节段逐渐失去与其命

名椎体的对应关系，到胸髓中段脊髓节段和椎体相差约一节椎序，腰髓平面约平 $T_{12\sim13}$、L_1 及 L_2 的头侧 1/3 范围内，骶、尾髓约平第 $L_{3\sim4}$ 腰椎体高度[1]。小鼠脊髓各节段与椎体和脊椎之间对应关系[2]（表 2-1），大鼠脊髓各节段与椎体和脊椎之间对应关系和小鼠相似。

表 2-1　小鼠脊髓各节段与椎体和椎骨棘之间关系

脊髓节段	椎　体	椎骨棘
C_1	C_2 头端	C_1 棘突
C_2	C_2/C_3 椎间盘	C_2 棘突
C_3	C_3 椎体	头端 C_3 棘突
C_4	C_4 椎体头端	C_3/C_4 棘突中点
C_5	C_4/C_5 椎间盘	C_4/C_5 棘突中点
C_6	C_5 椎体尾端	C_5 尾端棘突
C_7	C_6 椎体	C_6 棘突
C_8	C_7 椎体上段	C_6/C_7 棘突中点
T_1	T_1/C_7 椎间盘	C_7 棘突尾端
T_2	T_1/T_2 椎间盘	T_1 棘突
T_3	T_2/T_3 椎间盘	T_3 和 T_4 棘突之间
T_4	T_3 椎体尾端	T_3 棘突
T_5	T_4 椎体	T_4 棘突
T_6	T_5 椎体	T_4 和 T_5 棘突之间
T_7	T_6 椎体头端	T_5 和 T_6 棘突之间
T_8	T_6/T_7 椎间盘	T_6 棘突
T_9	T_7 椎体尾端	T_7 棘突头端

续表

脊髓节段	椎　体	椎骨棘
T_{10}	T_8 椎体	T_7 棘突尾端尖部
T_{11}	T_9 椎体	T_8 棘突尾端尖部
T_{12}	T_{10} 椎体头端	T_9 棘突中部
T_{13}	T_{10} 椎体尾端	T_{10} 棘突中部
L_1	T_{11} 椎体	T_{11} 棘突头端
L_2	T_{12} 椎体头端	T_{11} 和 T_{12} 棘突之间
L_3	T_{12} 椎体尾端	T_{12} 棘突
L_4	T_{13} 椎体头端	T_{13} 棘突
L_5	T_{13} 椎体尾端	T_{13} 和 L_1 棘突之间
L_6	L_1 椎体尾端	L_1 棘突头端尖部
S_1	L_1 椎体尾端	L_1 棘突尾端
S_2	L_2 椎体头端	L_2 棘突头端尖部
S_3	L_2 椎体中部	L_2 棘突中部
S_4	L_2/L_3 椎间盘	L_2 棘突尾端
Co_1	L_3 椎体头端	L_3 棘突
Co_2	L_3 椎体尾端	L_3 和 L_4 棘突之间
Co_3	L_4 椎体	L_4 棘突头端

二、取　材

根据实验目的不同，大鼠脊髓取材方式分为活体脊髓取材和灌注固定后取材。脊髓的神经细胞培养、酶联免疫和蛋白印迹等实验研究时都需要提取大鼠的活体脊髓组织，需要采用活体脊髓取材方式；灌注固定能快速冲净组织中血液并及时进行固定，避免了组织的自溶现象，所以灌注固定后取材是大鼠脊髓取材中较常用的取材方式。两种取材方式操作步骤基本一致。

（一）活体脊髓取材

大鼠腹腔注射麻醉剂（戊巴比妥钠、水合氯醛等），待大鼠充分麻醉后，切开分离背部皮肤肌肉，暴露出椎板，骨钳咬除椎板即可见椎管中白色脊髓，剥离椎板周围组织，完全分离露出脊髓，轻轻提取出脊髓。

（二）灌注固定后取材

大鼠麻醉后，快速打开胸腔，灌注针从左心室心尖部位进入到主动脉，用止血钳固定好灌注针，利用灌流机快速灌入生理盐水冲洗，切开右心耳，流出液无色后再灌入 4% 多聚甲醛溶液；大鼠灌注固定量为 100 ~ 150 ml/100g。灌注完成后将固定完毕的大鼠取下，暴露并打开椎板（图 2-1），完全分离暴露出脊髓，轻轻提取出脊髓（图 2-2）。

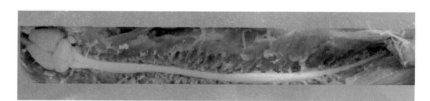

图 2-1　打开椎板和颅骨，充分暴露脊髓和脑

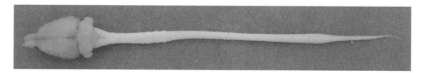

图 2-2　大鼠灌注固定后，提取的脊髓和脑

三、后固定及处理

将提取的脊髓放置于 4% 多聚甲醛液体中后固定 24 h（4℃ 保存），固定液的量是组织体积的 20 ~ 50 倍，固定过程中振荡固定液，以促进固定液渗入组织内。后固定结束后将组织放置于 30% 蔗糖溶液中浸泡 24 ~ 48 h（4℃保存），然后放入足量 15% 防冻液（蔗糖 15.00 g，溶于 40 ml 乙二醇中，搅拌溶解后，用 0.01 mol/L PBS 将溶液总体积定容至 100 ml），−20℃保存备用。

第二节　大鼠脊髓切片制备

大鼠脊髓组织提取、固定处理完成后，将其制备成能在显微镜下观察的样本，称为制片技术或切片制备技术。常用的制片技术有石蜡制片法、冰冻制片法和超薄制片法等 [3]。

一、石蜡切片制备流程

石蜡切片制备技术是把固定后的组织经脱水、透明、浸蜡，包埋成蜡块，再进行切片、染色和封固，然后进行观察的技术。包埋后标本可长期保存，适用于各种染色。

（一）脱水、透明和浸蜡流程

表 2-2　大鼠脊髓脱水、透明和浸蜡流程

步　骤	试　剂	时　间	温　度
1	50% 乙醇	30 min	室　温
2	60% 乙醇	30 min	室　温
3	70% 乙醇	30 min	室　温
4	80% 乙醇	30 min	室　温
5	90% 乙醇	30 min	室　温
6	95% 乙醇Ⅰ	30 min	室　温
7	95% 乙醇Ⅱ	30 min	室　温
8	无水乙醇Ⅰ	30 min	室　温
9	无水乙醇Ⅱ	30 min	室　温
10	二甲苯无水乙醇混合物（1：1）	10 min	室　温
11	二甲苯Ⅰ	5 min	室　温
12	二甲苯Ⅱ	5 min	室　温
13	石蜡Ⅰ	20 min	58 ～ 60℃
14	石蜡Ⅱ	50 min	58 ～ 60℃
15	石蜡Ⅲ	50 min	58 ～ 60℃

（二）包埋方法

根据实验目的分别包埋脊髓横断面或纵断面。

（三）制片流程

石蜡切片（4 ～ 6 μm 厚）→水浴展片（温度 45℃）→捞片（组织结构完整、无褶皱）→烤片（温度 60℃）2 h 或（37℃）过夜。

二、冰冻切片制备流程

冰冻切片是在低温条件下进行组织切片的方法，需组织快速冷冻达到一定硬度，然后再进行切片。冰冻切片具有制片速度快，操作便捷的优势，同时又能较好地保存组织中的抗原，是脊髓酶组织化学、免疫组织化学及原位分子杂交的理想制片方法。

（一）组织准备

冰冻切片的脊髓组织新鲜或固定后均可，但经过固定的组织不易产生冰晶，细胞形态结构清晰、完整；因此，大鼠脊髓形态学染色中一般较多采用组织固定后再进行冰冻切片。固定完成后的脊髓放入 20% ～ 30% 蔗糖溶液 4℃过夜，以减少组织中的冰晶，然后再进行冰冻切片。

（二）组织固定

在样品托上制作一层 OCT 包埋胶底座，并修理平整；将组织放置在包埋胶底座上→用 OCT 包埋胶将组织完全覆盖→速冻台速冻→使组织固定在样品托上。

（三）切　片

根据实验目的，采用恒冷箱冰冻切片机或滑动式冰冻切片机切片，恒冷箱冷冻切片机切片较薄，并可连续切片，是目前常用的冰冻切片制片方式。滑动式冰冻切片机的标本头和速冻台合为一体，组织标本冷冻迅速，组织收缩小，制备切片迅速，但由于置于室温内进行切片，切片往往较厚，不适用新鲜组织。

 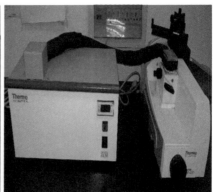

图 2-3　恒冷箱冰冻切片机　　　　图 2-4　滑动式冰冻切片机

第三节　大鼠脊髓苏木素－伊红和特殊染色技术

一、苏木素－伊红（hematoxylin and eosin, HE）染色

HE 染色是组织学、病理学、生物学教学与科研中最广泛应用的染色方法，用于观察正常和病变组织细胞的形态结构。

（一）技术原理

细胞核主要成分是脱氧核糖核酸等酸性物质，它与碱性的苏木素亲和力较强；细胞质内主要成分是蛋白质，与酸性的伊红亲和力较大。因此，细胞经苏木素－伊红染色液染色后，细胞核被染成鲜明的蓝紫色，细胞质、胞膜等被染成不同程度的红色。

（二）主要染色试剂

苏木素染液、伊红染液、盐酸乙醇分化液、系列浓度的乙醇、二甲苯和中性树胶等。

（三）染色主要步骤

（1）石蜡切片脱蜡至水。

（2）染核：苏木素染液染色 2 ~ 10 min，自来水洗涤。

（3）分色：镜下观察控制分色程度，自来水洗涤。

（4）染胞质：伊红染液染色 1 ~ 3 min，自来水洗涤。

（5）梯度乙醇脱水、二甲苯透明，中性树胶封片。

二、脊髓特殊染色

（一）尼氏（Nissl）染色法

德国的精神病学家和神经病理学家 Franna Nissl（1860—1919）于 1892 年创立了 Nissl 染色法，常用于脊髓灰质的分层、核团的分区和神经元损伤情况的观察等。

1. 技术原理

尼氏体呈斑块状或细颗粒状，均匀分布在神经元胞体或树突内，具有活跃的蛋白质合成功能；尼氏体会因为生理状态的变化而变化，可作为神经元功能状态的标志。尼氏体嗜碱性，可以用很多碱性染料（硫堇、亚甲蓝、甲苯胺蓝和焦油紫等）进行染色来显示尼氏体。

2. 主要染色试剂

硫堇（thionine）、焦油紫（cresyl violet）、甲苯胺蓝（tolridine blue）等。

3. 染色主要步骤（以石蜡切片为例）

（1）石蜡切片脱蜡至水。

（2）蒸馏水冲洗 3 次，每次 3 min。

（3）切片置于 60℃温箱用染色试剂染色 30 ~ 60 min。

（4）蒸馏水快速清洗。

（5）95% 乙醇分色，显微镜下控制分色程度。

（6）无水乙醇脱水两次，每次 2 ~ 3 min。

（7）二甲苯透明两次，每次 10 min。

（8）中性树胶封片。

4. 染色结果

尼氏体染成紫蓝色，背景无色。

（二）银浸镀法

1. 染色原理

神经纤维的轴突有嗜银性，此法是先经硝酸银液处理作为感应剂，然后与银氨液作用而沉积在神经纤维处，最后经过还原剂把银离子还原为黑色的金属银而显示出来。氯化金调色可用可不用，硫代硫酸钠的作用是固定已还原的银盐和除去切片内未反应的银盐[4]。

2. 主要染色试剂

（1）0.5% 火棉胶液：火棉胶片 0.5 g、无水乙醇乙醚液（1 ∶ 1）100 ml。

（2）20% 硝酸银溶液：硝酸银 20 g、蒸馏水 100 ml。

（3）Marsland 氏银氨溶液：20% 硝酸银溶液 30 ml、无水乙醇 20 ml、氢氧化铵。将 20% 硝酸银水溶液 30 ml 和 20 ml 无水乙醇混合，然后逐滴加入氢氧化铵，边滴边摇动，直至最初形成的沉淀刚好溶解，再加入氢氧化铵 5 滴，即可使用。

（4）5% 硫代硫酸钠水溶液：硫代硫酸钠 5 g、蒸馏水 100 ml。

3．染色步骤（以石蜡切片为例）

（1）石蜡切片脱蜡至无水乙醇，再入无水乙醇乙醚（1∶1）混合液稍洗。

（2）入 0.5% 火棉胶液浸 30 s。

（3）取出切片，稍干后放入 80% 酒精 10 min。

（4）蒸馏水浸洗。

（5）切片放入 37℃ 的 20% 硝酸银液内 30 min（此时切片为淡黄棕色）。

（6）蒸馏水快速清洗。

（7）切片入 10% 甲醛溶液中还原两次，每次 10 s。

（8）不用水洗，直接入 Marsland 氏银氨溶液内 30 s。

（9）取出切片，擦去多余的银氨液，直接入 10% 甲醛溶液还原 1 min。

（10）蒸馏水冲洗。

（11）5% 硫代硫酸钠液处理 1 min。

（12）自来水流水冲洗。

（13）梯度酒精脱水，无水乙醇乙醚（1∶1）2 min 除去火棉胶膜。

（14）二甲苯透明、中性树胶封片。

4．染色结果

神经轴突、树突呈棕黑色，背景淡棕色。

（三）神经原纤维 Bodian 染色法

1. 染色原理

在一些脑部疾病（如老年痴呆、糖尿病脑病）中，可出现神经原纤维缠结和老年斑沉积以及轴突、树突内神经原纤维变化。用 Bodian 染色法可以很清晰地显示出神经原纤维缠结的形态学特征。

2. 主要染色试剂

（1）1% 蛋白银溶液：1% 蛋白银水溶液 100 ml 内加入 10% 乙酸水溶液 0.7 ml，充分搅拌过滤，再加入 0.5% 氢氧化钠水溶液 0.33 ml，调整 pH 至 6 左右。

（2）还原液：1% 对苯二酚水溶液 100 ml 内加入无水硫酸钠 4 g 搅拌后一次性使用。

（3）0.5% 氯化金水溶液。

（4）2% 草酸水溶液。

3. 染色步骤（以石蜡切片为例）

（1）石蜡切片脱蜡至水。

（2）蒸馏水清洗。

（3）切片入 60℃、1% 蛋白银溶液内，恒温箱内孵育 18 h。

（4）室温下冷却。

（5）蒸馏水清洗 3～5 次（时间控制在 1 min 以内）。

（6）还原液中浸泡 15 min。

（7）流水冲洗 3 min，蒸馏水清洗。

（8）0.5% 氯化金水溶液浸泡 40 min。

（9）流水洗 3 min，再用蒸馏水清洗。

（10）2% 草酸水溶液浸泡 20 min。

（11）流水洗 5 min，蒸馏水清洗。

（12）5% 硫代硫酸钠水溶液浸泡 3 min。

（13）流水洗 5 min，蒸馏水清洗。

（14）梯度酒精脱水、二甲苯透明和中性树胶封固。

4．染色结果

神经原纤维、轴突和树突呈棕色或棕黑色，背景、血管和胶原纤维呈浅咖啡色。

（四）放射自显影神经追踪法

此方法是利用神经元轴浆运输现象，用放射性示踪剂标记研究目标，通过放射性物质发出的射线能使卤化银感光而形成潜影，进而对研究目标进行定位和强度分析。

1．技术原理

将放射性示踪剂（如标记的氨基酸）导入神经组织，示踪剂进入神经元后在胞体内合成蛋白质，合成的蛋白质沿轴突向末梢输送，分布于整个轴突及末梢；通过照相乳胶感光原理，根据感光银粒所在部位和黑度即可判断出放射性示踪剂的位置和数量，从而确定神经纤维的路径。

2．主要试剂

示踪剂：^{3}H– 脯氨酸（标记终末、跨突触标记）；^{3}H– 亮氨酸（标记终末、纤维）；^{3}H–HRP 酶蛋白（与 HRP 结合双标记）。

3．主要步骤

将放射性示踪剂导入动物神经组织内，保证动物存活一定时间，使示踪剂能沿轴突向末梢输送，标记出轴突和末梢；固定组织、切片和贴片；涂抹核乳胶或贴附感光材料于组织切片表面，曝光、显影、定影和染色；用显微镜观察。

4. 用　途

研究神经元的传出路径及神经元间的联系。

第四节　免疫组织化学染色技术

免疫组织化学（Immunohistochemistry, IHC）技术是通过抗原－抗体的特异性结合，来检测和定位组织细胞内某种化学物质（多肽和蛋白质）的一种技术，结合图像分析技术等可对被检测的化学物质进行定量分析。

IHC 技术按照标记物的种类可分为免疫荧光法（荧光素标记）、免疫酶法（辣根过氧化物酶、碱性磷酸酶等标记）、免疫金法（胶体金标记）及放射免疫自影法等；按结合方式可分为抗原－抗体结合（如 PAP 法、LDP 法）以及亲和连接（如 ABC 法、LSAB 法）。不同的免疫组化技术，虽试剂和方法不同，但其基本技术原理是相似的。

一、免疫酶组织化学

（一）技术原理

将酶以共价键结合在抗体上，制备成酶标抗体，通过酶标抗体寻找组织或细胞中相应抗原，形成抗原－抗体复合物，然后再用免疫组化染色检测系统标记出复合物，通过光镜或电镜就可定位细胞或组织内相应的抗原。

（二）技术分类

（1）按照酶标记的位置可分为直接法和间接法。直接法：酶标记在特异性抗体（第一抗体）上，第一抗体直接与组织中相应的抗原特异性结合，形成抗原－抗体－酶复合物，用显色剂显色。此法操作省时简便、特异性高，但敏感性较差。间接法：特异性第一抗体未作标记，酶标记在第二抗体上，第一抗体先与组织中相应的抗原结合，再加入酶标记的第二抗体，形成抗原－抗体－酶标抗体复合物，最后用显色剂显色。此法敏感性优于直接法，但比直接法费时。

（2）按照酶标记物不同可分为亲和素－生物素－过氧化物酶技术（ABC法：卵白素－生物素－过氧化物酶连接法）、链霉亲和素－过氧化物酶法（SP法：链霉卵白素－过氧化物酶连接法）和链霉亲和素－生物素－过氧化物酶复合物法（SABC法）。

（三）主要操作步骤（以石蜡切片间接SP法为例）

（1）石蜡切片脱蜡至水。

（2）蒸馏水漂洗、0.01 mol/L PBS 清洗。

（3）抗原修复、0.01 mol/L PBS 清洗。

（4）封闭内源性过氧化物酶、0.01 mol/L PBS 清洗。

（5）血清封闭非特异性抗原，37℃孵育 30 min，0.01 mol/L PBS 清洗。

（6）滴加特异性抗体，孵育，0.01 mol/L PBS 清洗。

（7）滴加酶标记的抗体，孵育，0.01 mol/L PBS 清洗。

（8）滴加生物素－过氧化物酶溶液；37℃孵育 10 min。

（9）标记物显色，复染、封片。

二、免疫荧光技术

（一）技术原理

用已知特异性荧光素标记的抗体与组织或细胞中抗原结合，形成含有荧光素的抗原－抗体复合物，在荧光显微镜照射下发出明亮的荧光，观察到荧光所在的组织或细胞，从而确定抗原的性质及定位。

（二）技术分类

1. 直接法

将标记的特异性荧光抗体直接与待检测的组织标本在一定温度和时间的孵育下形成抗原－抗体复合物，再洗去未参加反应的多余荧光抗体，室温下干燥后封片、镜检。

2. 间接法

先用未标记的特异抗体（第一抗体）与组织标本进行反应，洗去未反应的抗体，再用荧光标记的抗体（第二抗体）与组织标本反应，使之形成抗原－抗体－荧光标记抗体复合物，再洗去未反应的荧光标记抗体，干燥、封片和镜检。

3. 补体法

用抗补体 C_3 的荧光抗体直接作用组织切片，与其中结合在抗原－抗体复合物上的补体反应，而形成抗原－抗体－补体抗补体荧光抗体复合物，在荧光显微镜下呈现阳性荧光的部位就是免疫复合物上补体存在处。

（三）主要操作步骤（以冰冻切片间接法为例）

（1）切片经 PBS 清洗 1 次，10 min/ 次。

（2）血清封闭孵育 1 h。

（3）滴加一定稀释浓度的一抗，4℃过夜孵育。

（4）PBS-T 清洗 4 次，15 min/ 次。

（5）加入一定稀释浓度的二抗，室温避光孵育 1 h。

（6）PBS 清洗 3 次，10 min/ 次。

（7）如需要对细胞核进行染色：将切片置于 DAPI，室温孵育 5 min，再使用 PBS 清洗 3 次，10 min/ 次。

（8）封片剂封片。

表 2-3 神经组织常见标记蛋白和标记酶

名　称	标记细胞类型
微管相关蛋白 2（MAP$_2$）	神经元（树突）
双皮质醇（DCX）	未成熟神经元
神经元核抗原（NeuN）	神经元
神经丝蛋白（NFP）	神经元
少突胶质细胞转录因子 2（OLIG$_2$）	少突胶质细胞
髓鞘碱性蛋白（MBP）	少突胶质细胞
胶质纤维酸性蛋白（GFAP）	星形胶质细胞
离子钙结合衔接分子 1（IBA$_1$）	小胶质细胞
乙酰胆碱转移酶（ChAT）	胆碱能神经元
谷氨酸脱羧酶（GAD）	γ- 氨基丁酸能神经元
多巴胺 -β- 羟化酶（DBH）	去甲肾上腺素能神经元
色氨酸羟化酶（TPH）	5- 羟色胺能神经元

第五节　原位杂交组织化学技术

原位杂交组织化学技术（in situ hybridization histochemistry，ISHH）是分子杂交与组织化学相结合的一项技术，用以检测和定位组织细胞原位中某种特定基因、mRNA 及其产物（特异蛋白）和变化规律。在神经形态学研究中，ISHH 法主要用于显示细胞内的 mRNA。此法成熟，其灵敏度现在已达到可以显示细胞内仅几个拷贝的 mRNA 的程度。

一、技术原理

原位杂交组织化学是应用标记的已知序列的核苷酸片段为探针，按碱基配对的原则进行杂交，形成杂交体，然后再应用与标记物相应的检测系统通过组织化学或免疫组织化学在核酸原有的位置进行细胞内定位。

二、探针的类型

1. 按标记物分

①放射性探针（^{32}P、^{35}S 及氚）；②非放射性探针（生物素、碱性磷酸酶等物质标记的探针）。

2. 按核酸性质分

① DNA 探针；② RNA 探针；③寡核苷酸探针。

三、应　用

显示中枢神经系统内各种 mRNA 的分布特点及特定的 mRNA 的半定量观察。与其他形态学方法结合应用。

四、主要步骤

不同的探针在操作方法上有差异，但基本方法和应用原则大致相同。步骤大致为。

（1）杂交前准备：包括固定、取材、玻片和组织处理，如何增强核酸探针的穿透性、减低背景染色等。

（2）预处理。

（3）杂交。

（4）杂交后处理。

（5）杂交体的检测。

第六节　电子显微镜技术

德国科学家恩斯特·鲁斯卡在 1931 年研制成功世界第一台电子显微镜，其具有极高的分辨能力，可以观察物体微细的结构形态，使生物学和医学发生了一场革命。经过近几十年的发展，电子显微镜现在能观察到百万分之一毫米的物体，成为了生物学、医学、化学、农林和材料科学等领域进行科学研究的重要工具，特别是研究细胞微细结构的重要手段。

一、技术原理

电子显微镜和光学显微镜的基本原理相同，电子显微镜以电子束为光源，以电子束散射的电子为信号，通过由电子束和电子透镜组合成的电子光学系统的多极放大后，将微小物体放大成像，有效放大倍数可达 100 万倍。其主要用于对材料表面或内部结构形态形貌进行高分辨成像，包括透射电子显微镜（TEM）、扫描透射电子显微镜（STEM）和扫描电子显微镜（SEM）。

二、应　用

电子显微镜技术在生物医学领域应用广泛，是研究机体微细结构的重要手段；用来研究神经细胞内的超微结构定位及在突触水平神经元间的联系的化学本质，以及研究神经组织的发育、衰老变化，结合免疫组化可研究神经肽的分布等。

参考文献

[1] 张凤真，周聪泮. 国内通用杂种大白鼠脊髓大体解剖的初步观察 [J]. 徐州医学院学报，1982，2（1）：23-26.

[2] Harrison M. Vertebral landmarks for the identification of spinal cord segments in the mouse[J]. NeuroImage，2013，68（Suppl C）：22-29.

[3] 潘琳. 实验病理学技术图鉴 [M]. 北京：科学出版社，2012 年 .

[4] 官大威. 法医学辞典 [M]. 北京：化学工业出版社，2009 年 .

第三章 Wistar 大鼠脊髓形态学图谱

第一节 Wistar 大鼠 CT、MRI 影像学

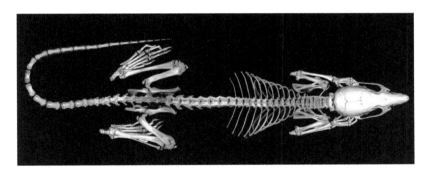

图 3-1 Wistar 大鼠整体骨骼 CT 三维重建（背侧面）

  Wistar 大鼠为动物实验类最为常用及生物医学研究中使用历史最长的品种，具有繁殖力强、性情温顺、对传染病的抵抗力强及自发性肿瘤发生率低等特点。Wistar 大鼠骨骼约为 105 ~ 108块，长骨长期有骨骺存在，不骨化。本图为 Wistar 大鼠整体骨骼背侧面观，可见头骨、椎骨、肋骨、前肢骨及后肢骨。

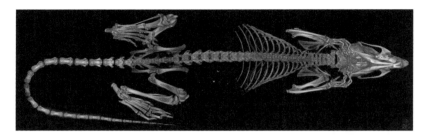

图 3-2　Wistar 大鼠整体骨骼 CT 三维重建（腹侧面）

　　本图为 Wistar 大鼠整体骨骼腹侧面观，可见头骨、椎骨、胸骨、肋骨、前肢骨及后肢骨。

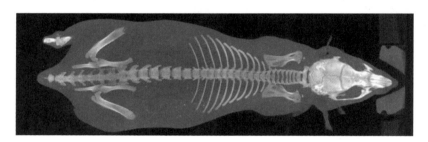

图 3-3　Wistar 大鼠骨骼 CT 最大密度投影图像（背侧面）

图 3-4　Wistar 大鼠骨骼 CT 最大密度投影图像（侧面）

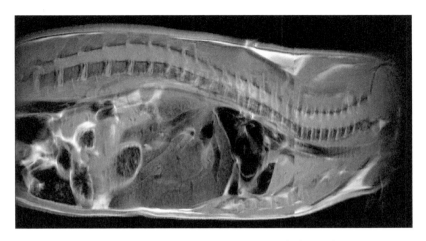

图 3-5 Wistar 大鼠脊髓 MRI 图像（侧面）

第二节　Wistar 大鼠大体解剖学

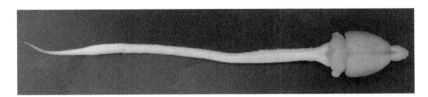

图 3-6 Wistar 大鼠经 4% 多聚甲醛灌注和固定后，
提取出的脑和全脊髓（背侧面）

图 3-7 Wistar 大鼠经 4% 多聚甲醛灌注和固定后，
提取出的脑和全脊髓（腹侧面）

第三节 脊髓不同节段形态学图片（硫堇染色）

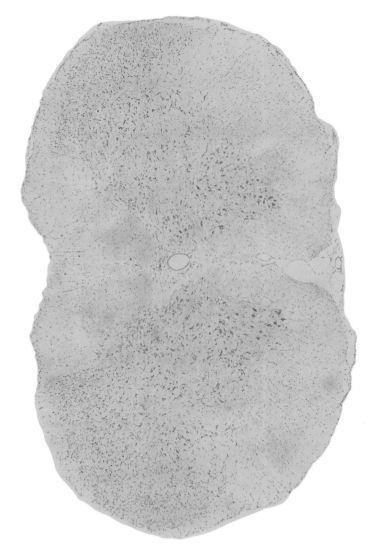

图 3-8 Wistar 大鼠脊髓颈 1 节段（C_1），10 x

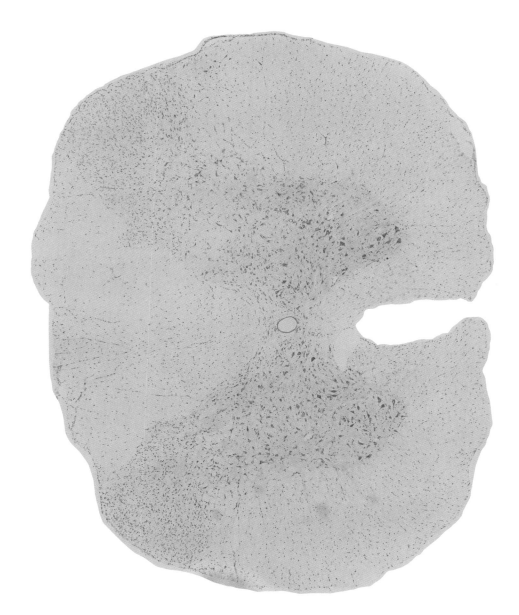

图 3-9 Wistar 大鼠脊髓颈 2 节段（C$_2$），10 x

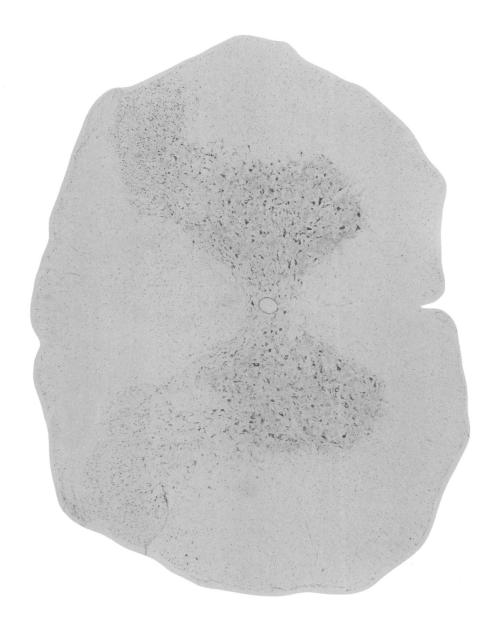

图 3-10　Wistar 大鼠脊髓颈 3 节段（C$_3$），10 x

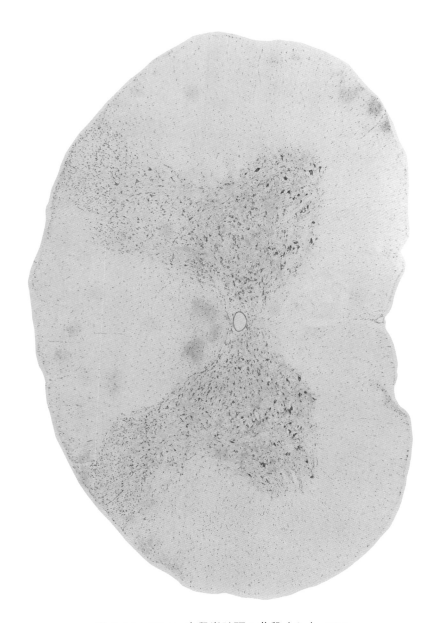

图 3-11 Wistar 大鼠脊髓颈 4 节段（C_4），10 x

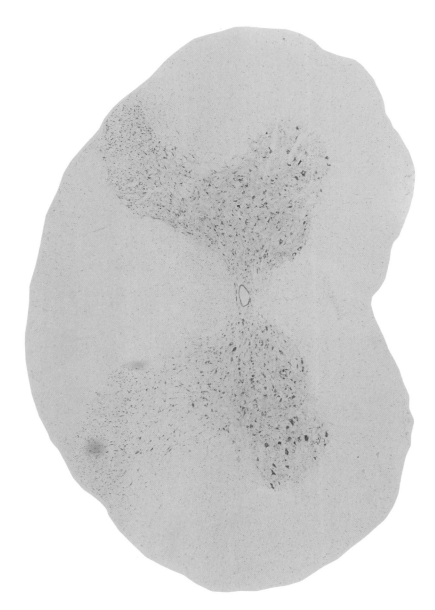

图 3-12　Wistar 大鼠脊髓颈 5 节段（C$_5$），10 x

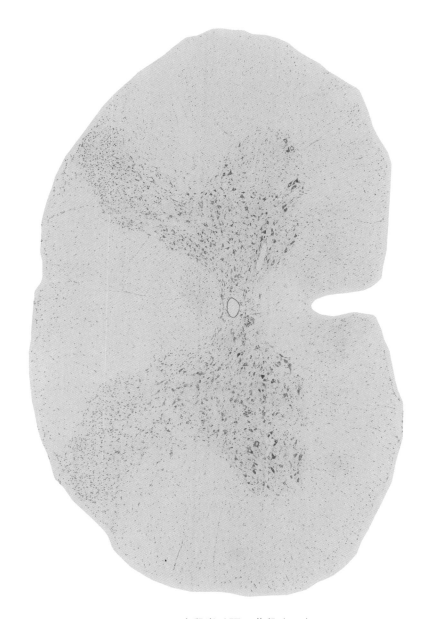

图 3-13 Wistar 大鼠脊髓颈 6 节段（C_6），10 x

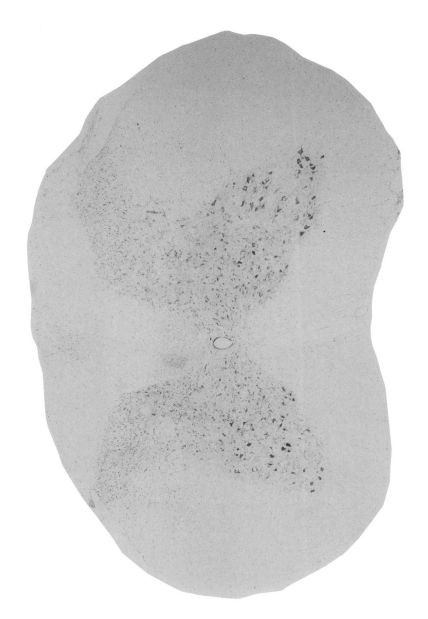

图 3-14　Wistar 大鼠脊髓颈 7 节段（C_7），10 x

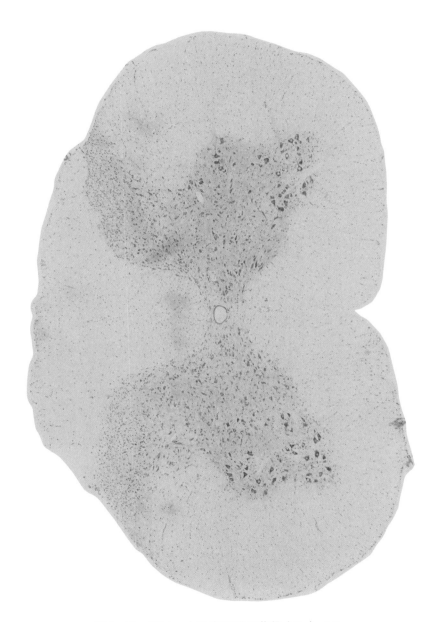

图 3-15　Wistar 大鼠脊髓颈 8 节段（C_8），10 x

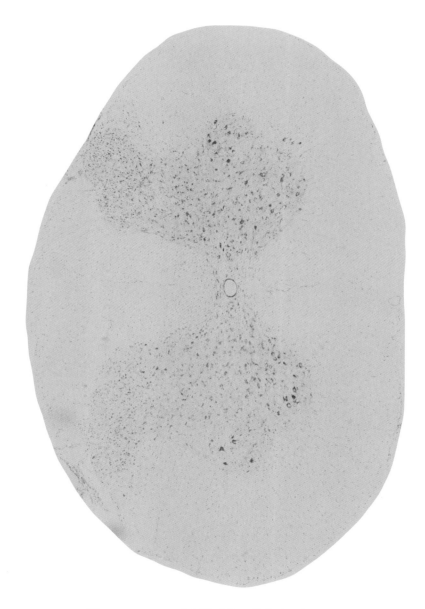

图 3-16　Wistar 大鼠脊髓胸 1 节段（T_1），10 x

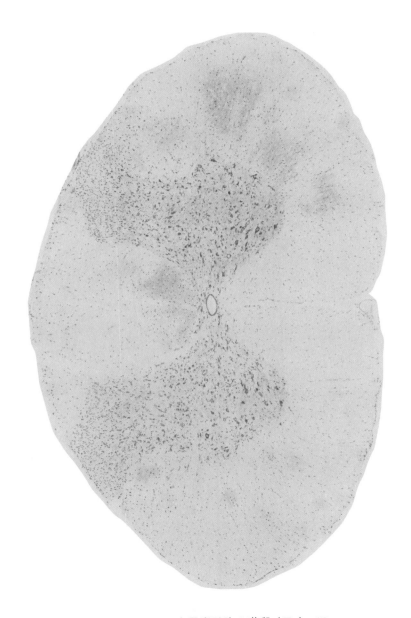

图 3-17　Wistar 大鼠脊髓胸 2 节段（T_2），10 x

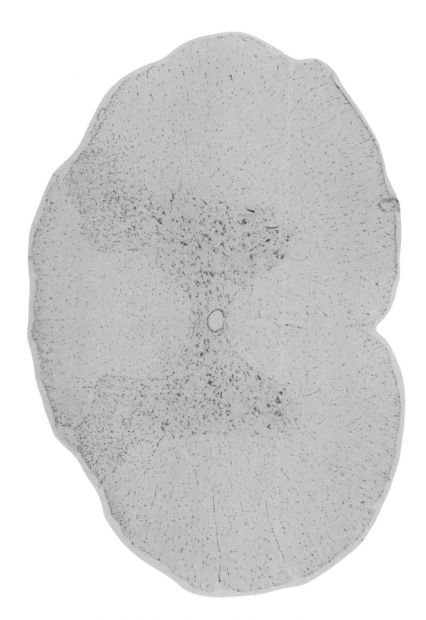

图 3-18　Wistar 大鼠脊髓胸 3 节段（T₃），10 x

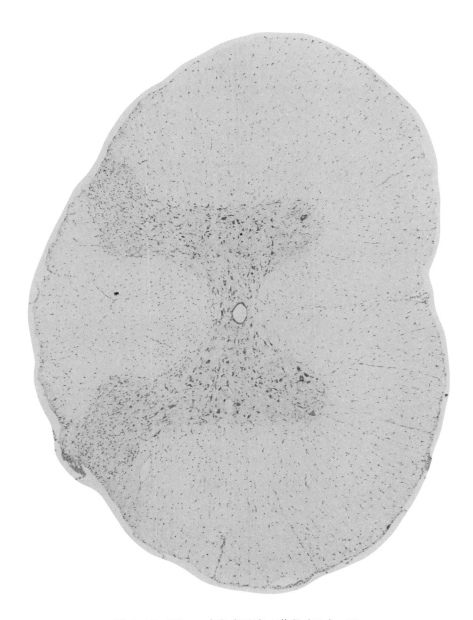

图 3-19　Wistar 大鼠脊髓胸 4 节段（T_4），10 x

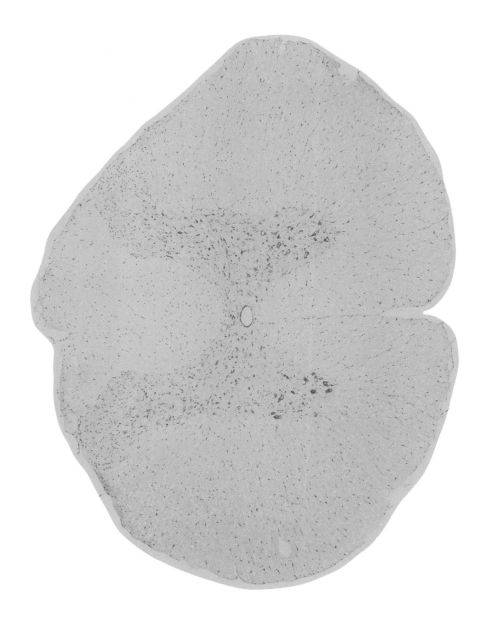

图 3-20　Wistar 大鼠脊髓胸 5 节段（T_5），10 x

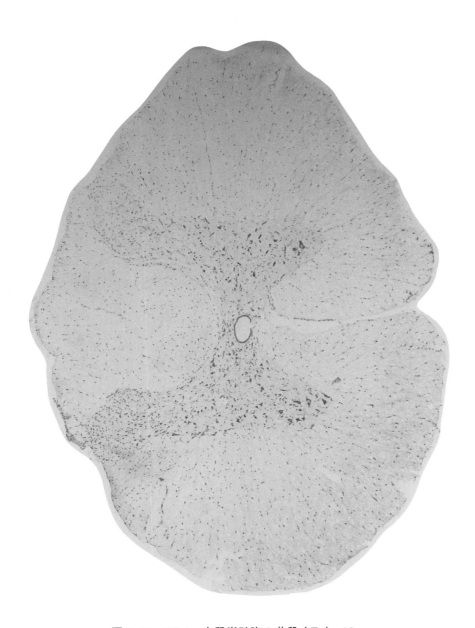

图 3-21　Wistar 大鼠脊髓胸 6 节段（T_6），10 x

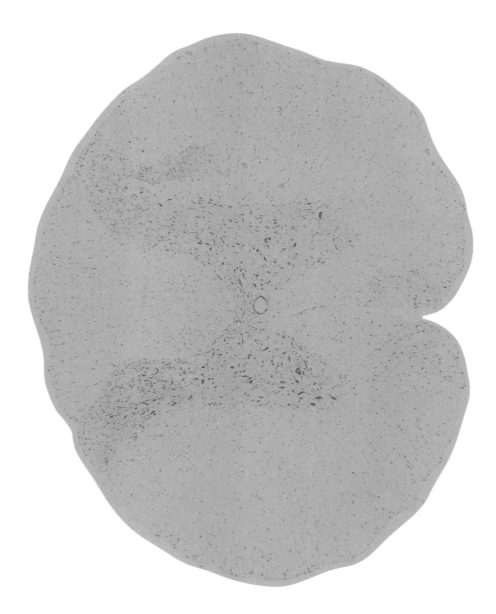

图 3-22　Wistar 大鼠脊髓胸 7 节段（T$_7$），10 x

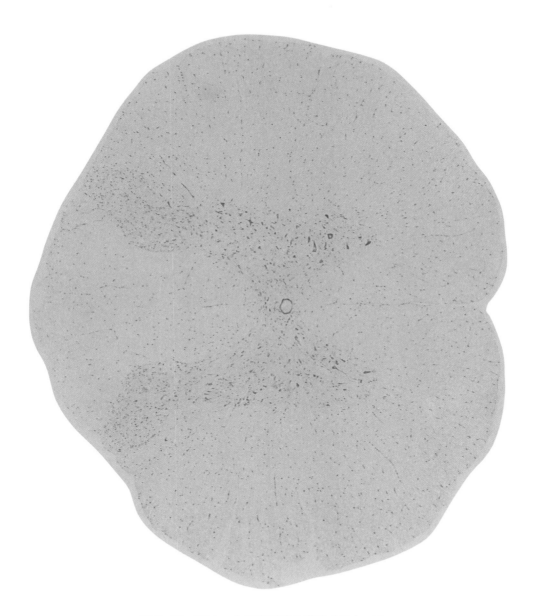

图 3-23　Wistar 大鼠脊髓胸 8 节段（T_8），10 x

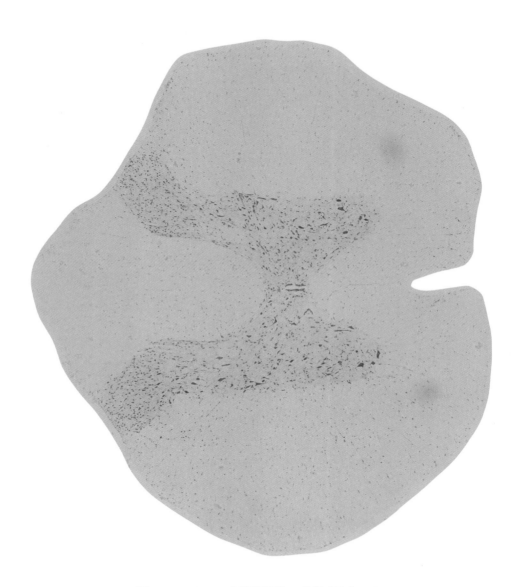

图 3-24　Wistar 大鼠脊髓胸 9 节段（T$_9$），10 x

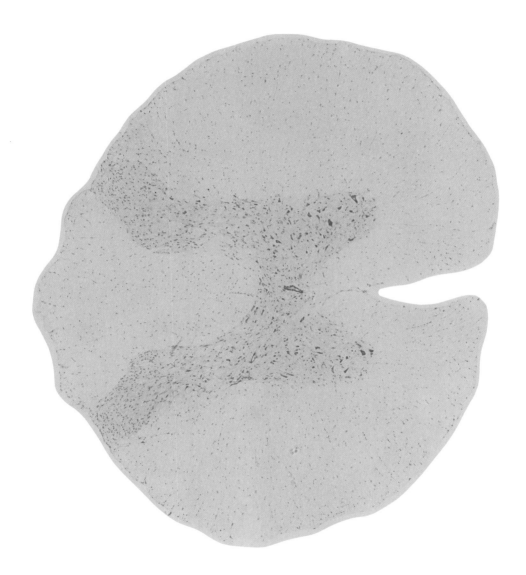

图 3-25　Wistar 大鼠脊髓胸 10 节段（T_{10}），10 x

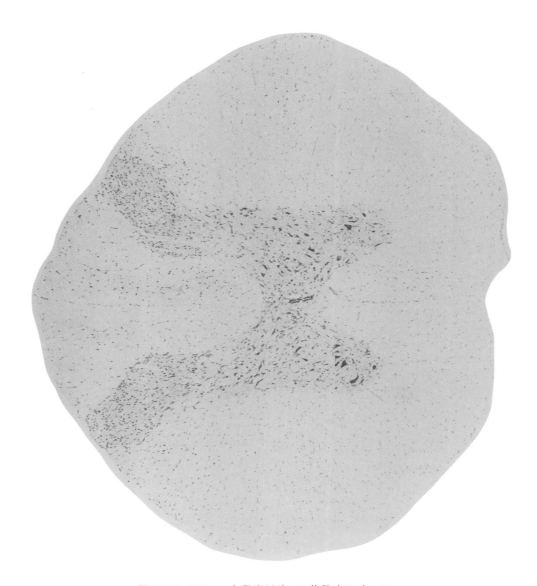

图 3-26　Wistar 大鼠脊髓胸 11 节段（T_{11}），10 x

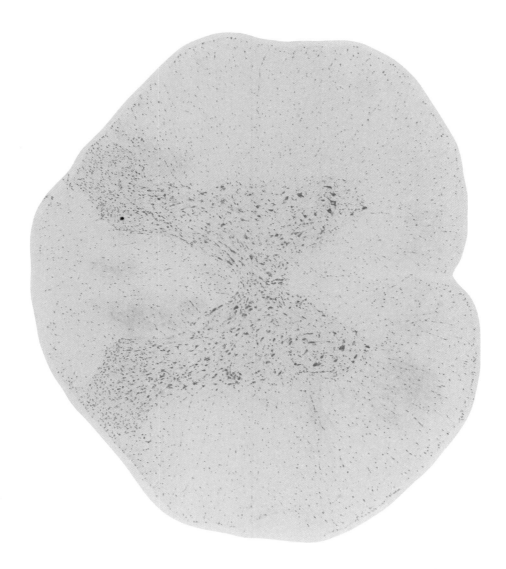

图 3-27　Wistar 大鼠脊髓胸 12 节段（T$_{12}$），10 x

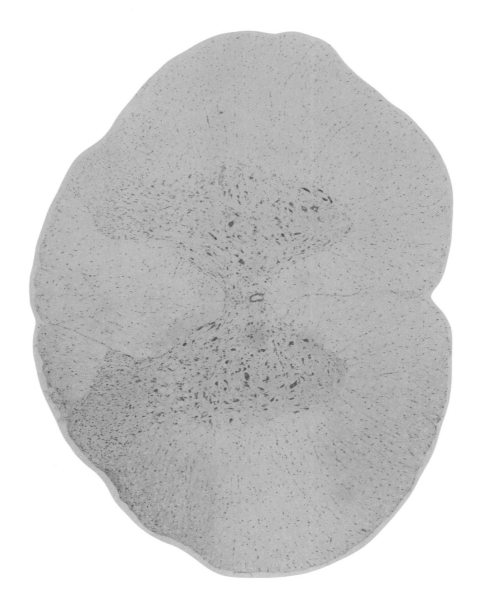

图 3-28　Wistar 大鼠脊髓胸 13 节段（T_{13}），10 x

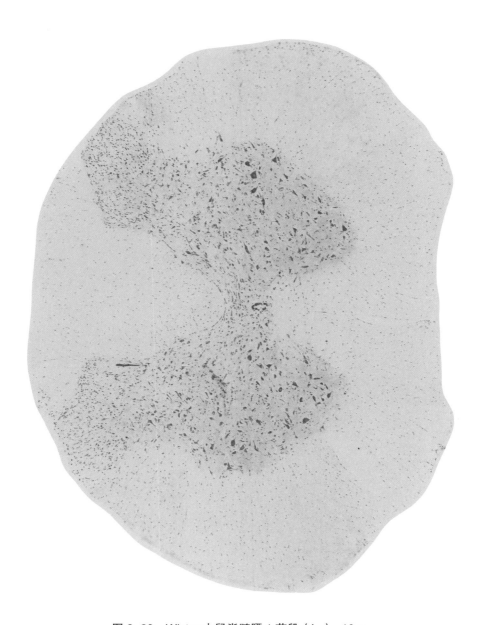

图 3-29 Wistar 大鼠脊髓腰 1 节段（L$_1$），10 x

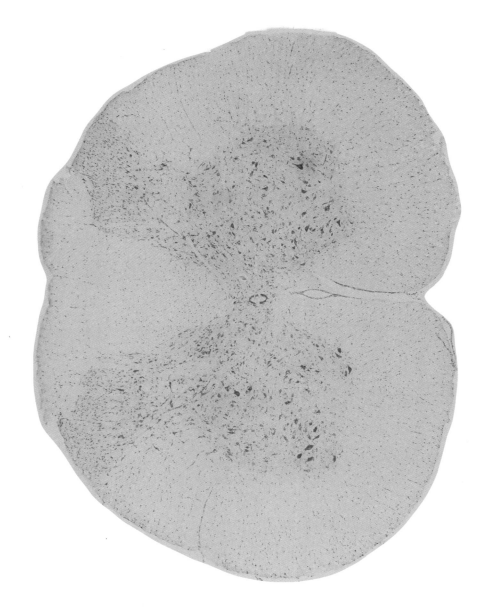

图 3-30 Wistar 大鼠脊髓腰 2 节段（L₂），10 x

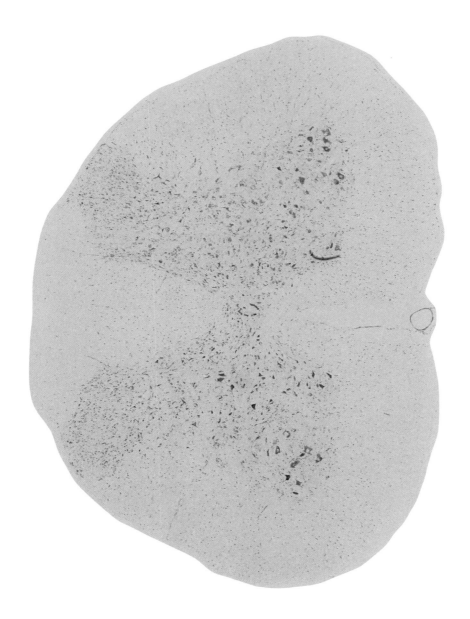

图 3-31　Wistar 大鼠脊髓腰 3 节段（L₃），10 x

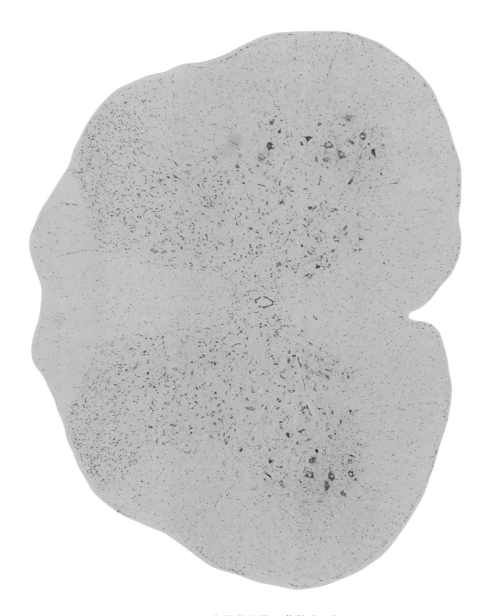

图 3-32　Wistar 大鼠脊髓腰 4 节段（L$_4$），10 x

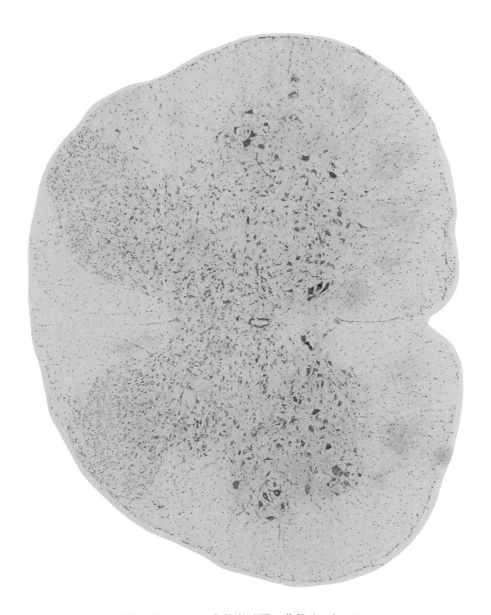

图 3-33　Wistar 大鼠脊髓腰 5 节段（L$_5$），10 x

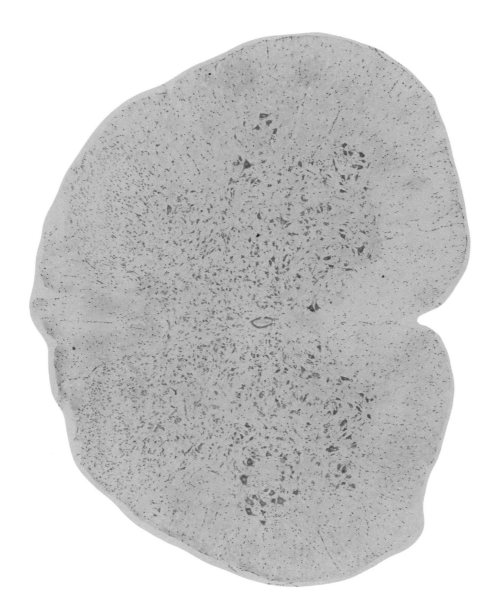

图 3-34　Wistar 大鼠脊髓腰 6 节段（L$_6$），10 x

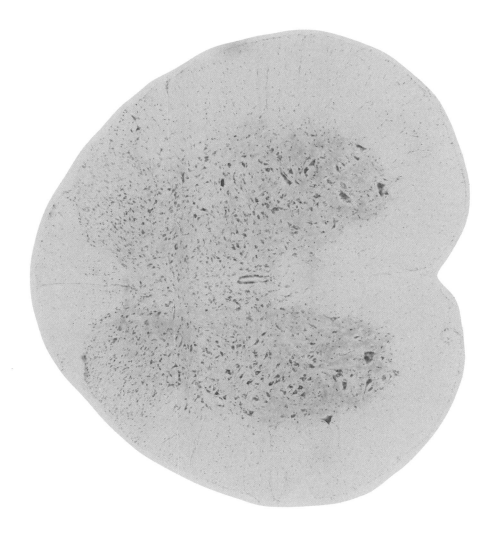

图 3-35　Wistar 大鼠脊髓骶 1 节段（S$_1$），10 x

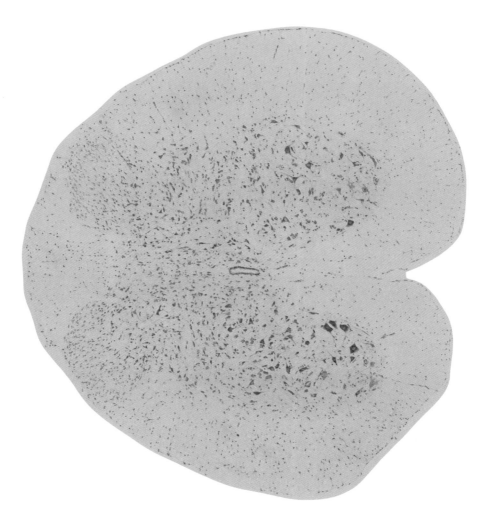

图 3-36　Wistar 大鼠脊髓骶 2 节段（S₂），10 x

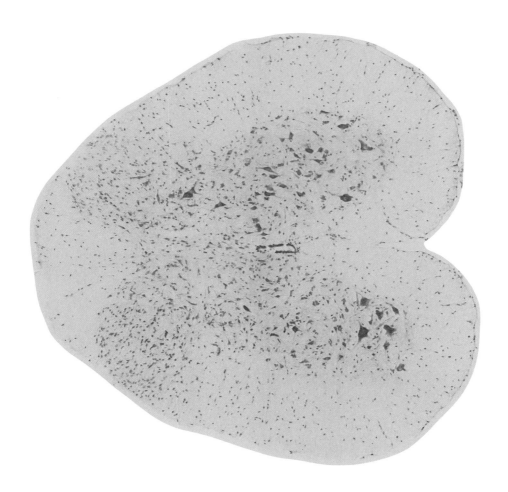

图 3-37 Wistar 大鼠脊髓骶 3 节段（S$_3$），10 x

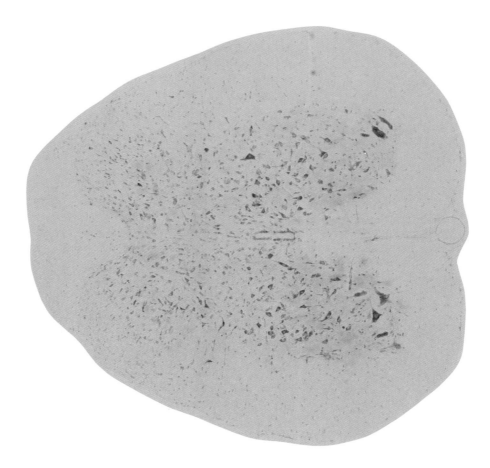

图 3-38　Wistar 大鼠脊髓骶 4 节段（S$_4$），10 x

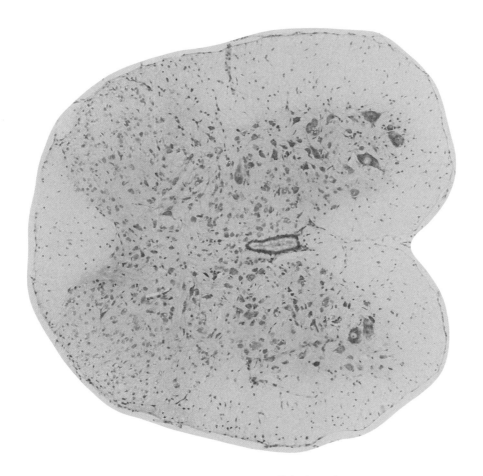

图 3-39　Wistar 大鼠脊髓尾 1 节段（Co_1），10 x

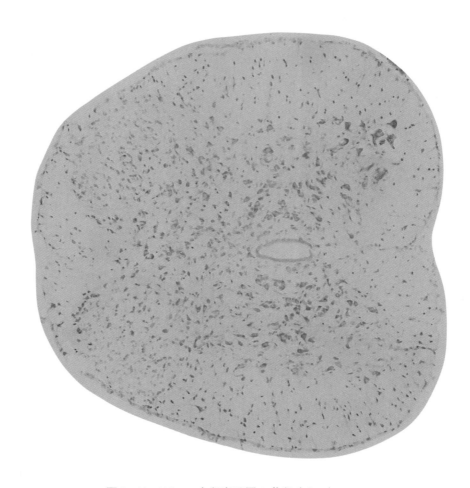

图 3-40　Wistar 大鼠脊髓尾 2 节段（Co_2），10 x

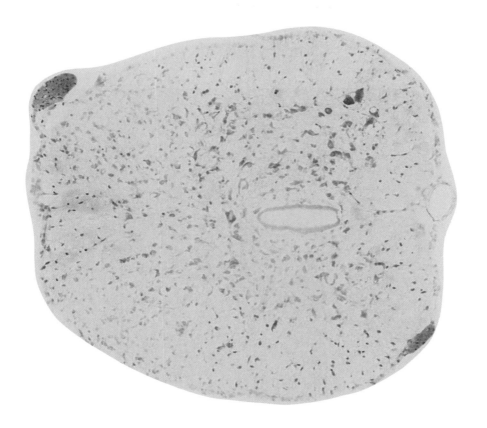

图 3-41 Wistar 大鼠脊髓尾 3 节段（Co_3），10 x

第四节 脊髓不同节段神经元形态与分布图片
（免疫荧光 NeuN 染色）

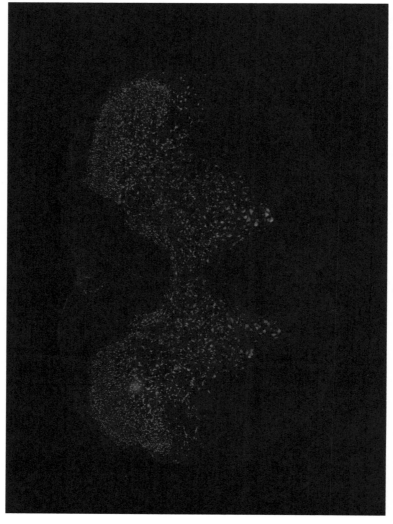

图 3-42 Wistar 大鼠脊髓颈 1 节段（C_1），10 x

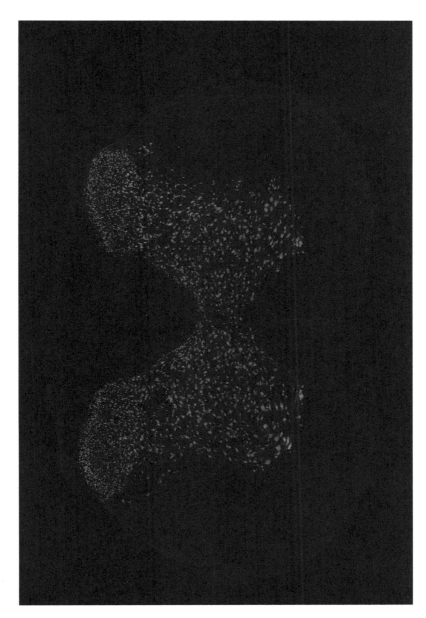

图 3-43　Wistar 大鼠脊髓颈 2 节段（C_2），10 x

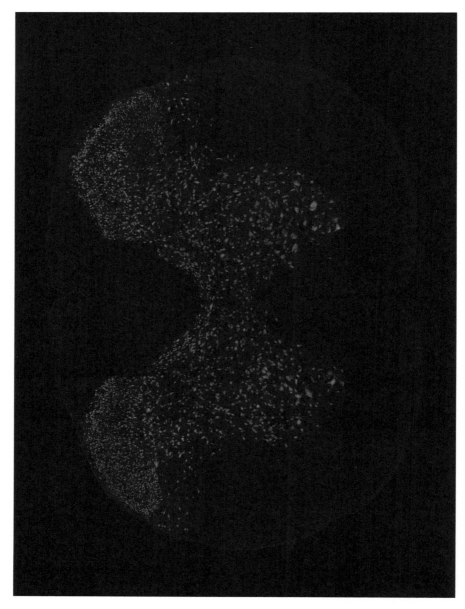

图 3-44　Wistar 大鼠脊髓颈 3 节段（C_3），10 x

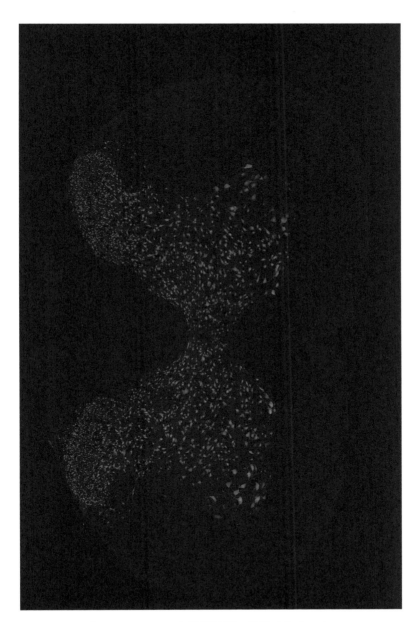

图 3-45　Wistar 大鼠脊髓颈 4 节段（C_4），10 x

图 3-46　Wistar 大鼠脊髓颈 5 节段（C_5），10 x

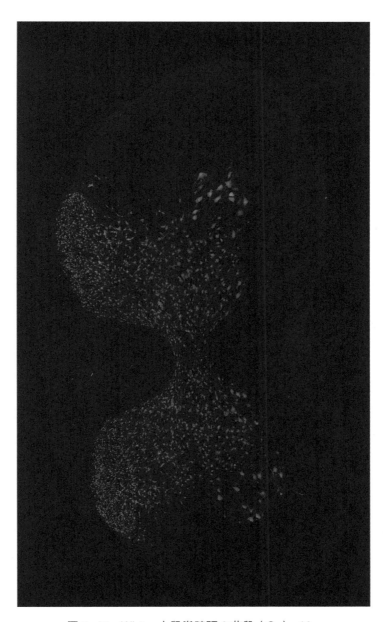

图 3-47　Wistar 大鼠脊髓颈 6 节段（C_6），10 x

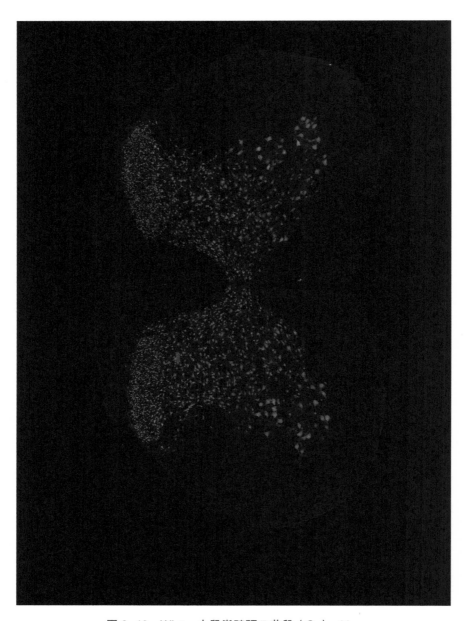

图 3–48　Wistar 大鼠脊髓颈 7 节段（C_7），10 x

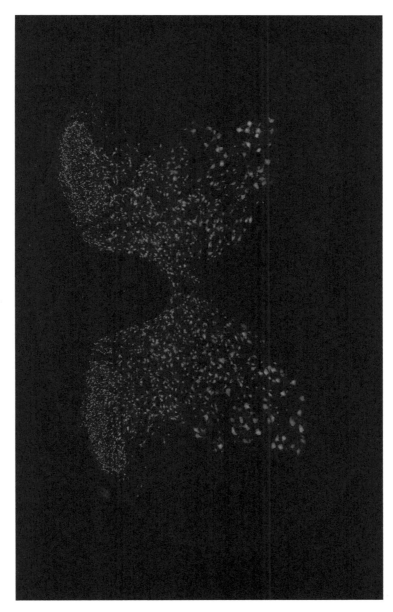

图 3-49　Wistar 大鼠脊髓颈 8 节段（ C_8 ），10 x

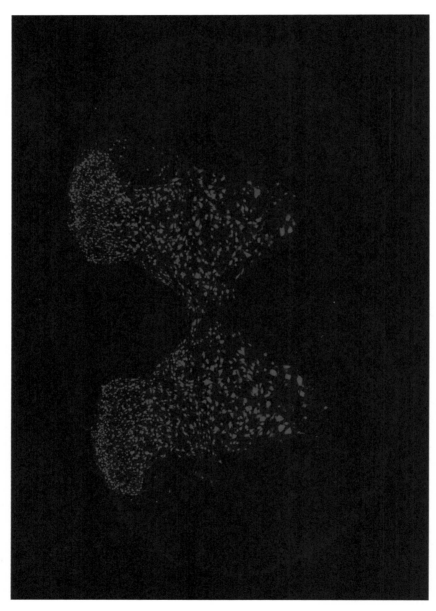

图 3-50　Wistar 大鼠脊髓胸 1 节段（T_1），10 x

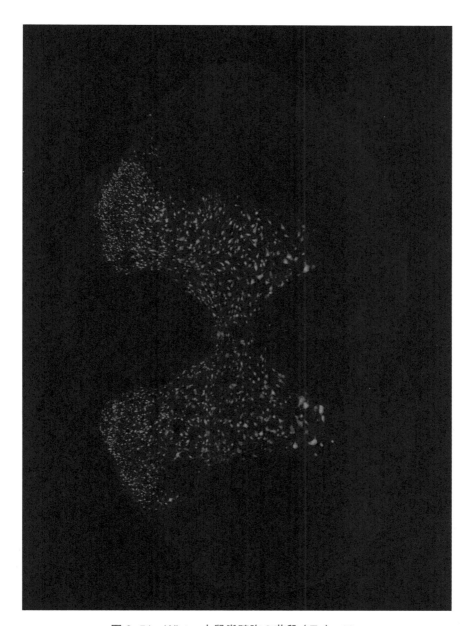

图 3-51　Wistar 大鼠脊髓胸 2 节段（T_2），10 x

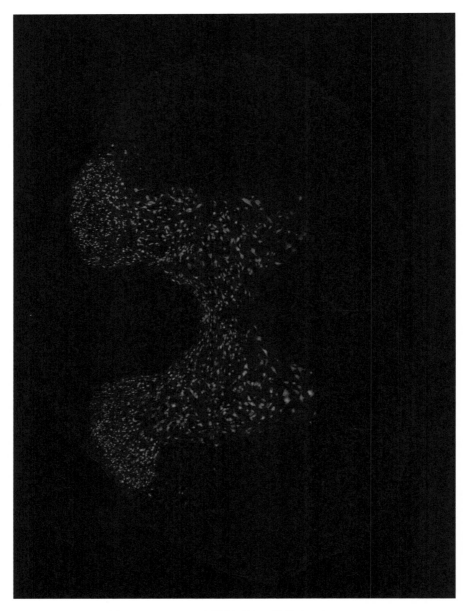

图 3-52　Wistar 大鼠脊髓胸 3 节段（T$_3$），10 x

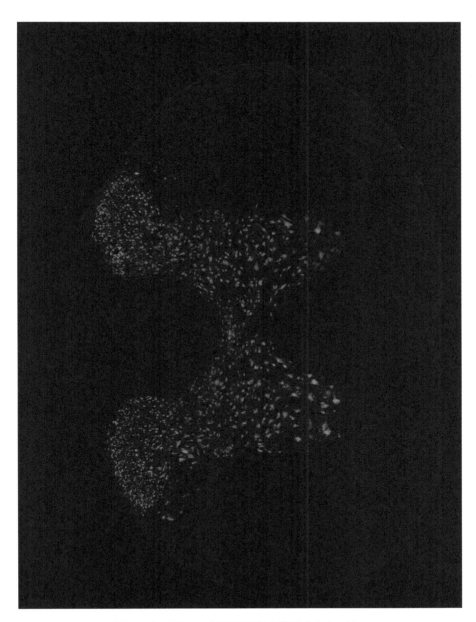

图 3-53　Wistar 大鼠脊髓胸 4 节段（T_4），10 x

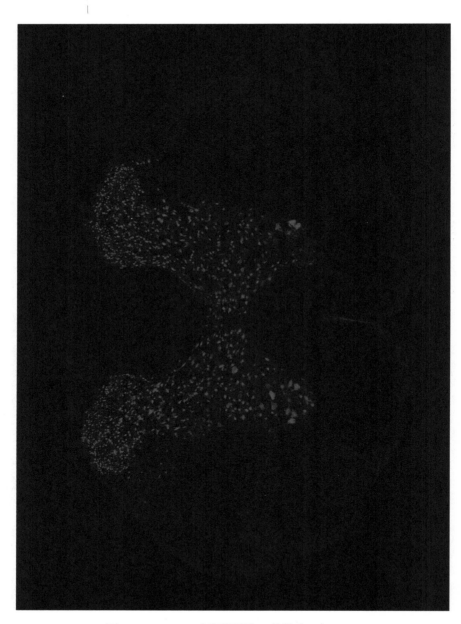

图 3-54　Wistar 大鼠脊髓胸 5 节段（T_5），10 x

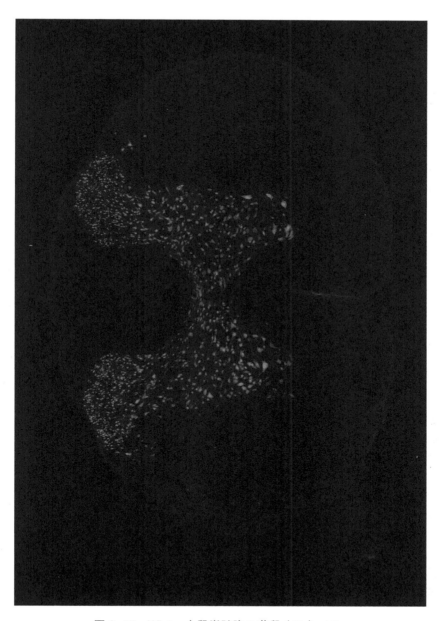

图 3-55 Wistar 大鼠脊髓胸 6 节段（T_6），10 x

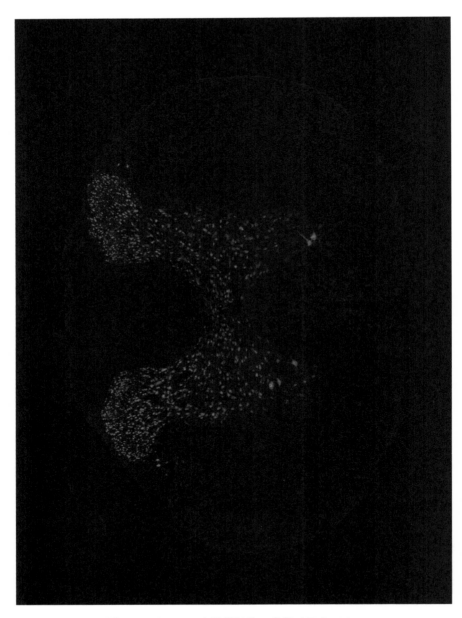

图 3-56　Wistar 大鼠脊髓胸 7 节段（T$_7$），10 x

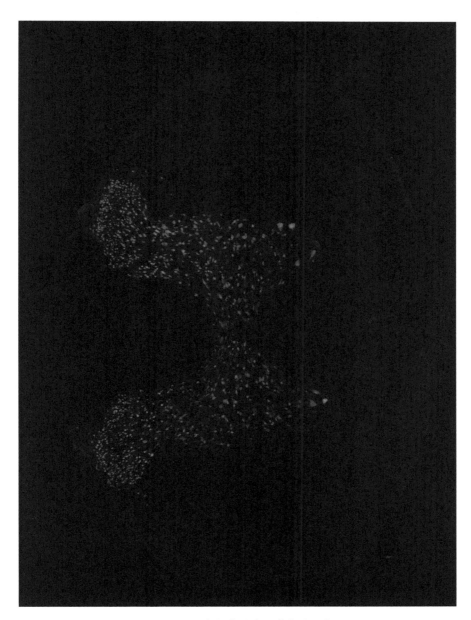

图 3-57　Wistar 大鼠脊髓胸 8 节段（T_8），10 x

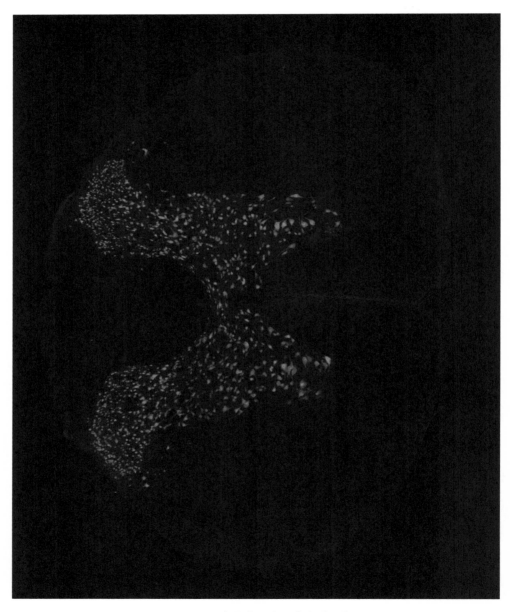

图 3-58　Wistar 大鼠脊髓胸 9 节段（T_9），10 x

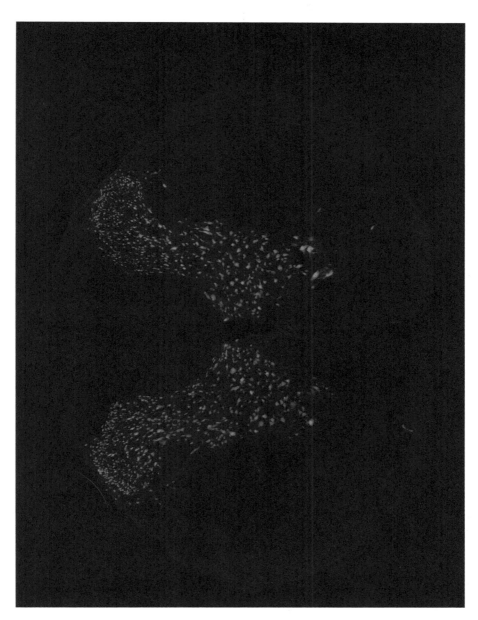

图 3-59　Wistar 大鼠脊髓胸 10 节段（T_{10}），10 x

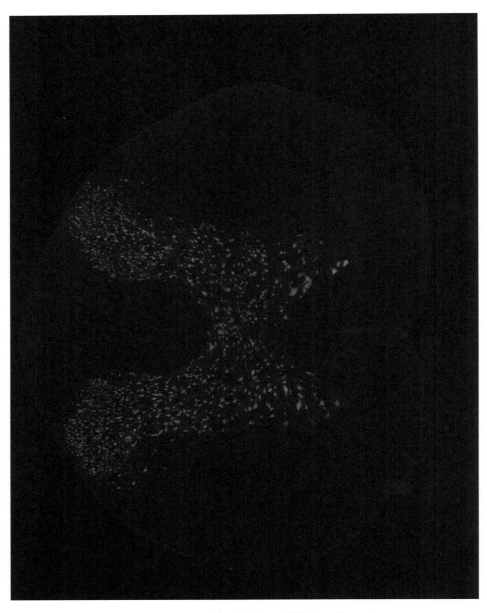

图 3-60　Wistar 大鼠脊髓胸 11 节段（T$_{11}$），10 x

图 3-61 Wistar 大鼠脊髓胸 12 节段（T$_{12}$），10 x

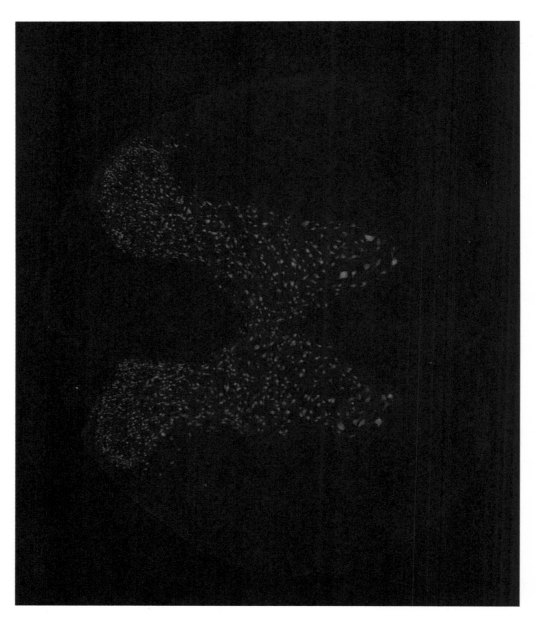

图 3-62　Wistar 大鼠脊髓胸 13 节段（T$_{13}$），10 x

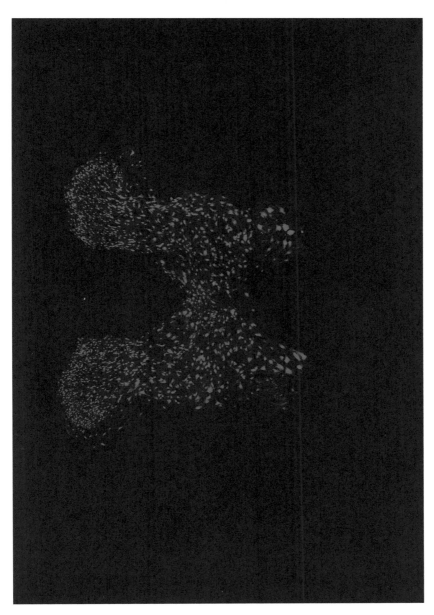

图 3-63　Wistar 大鼠脊髓腰 1 节段（L_1），10 x

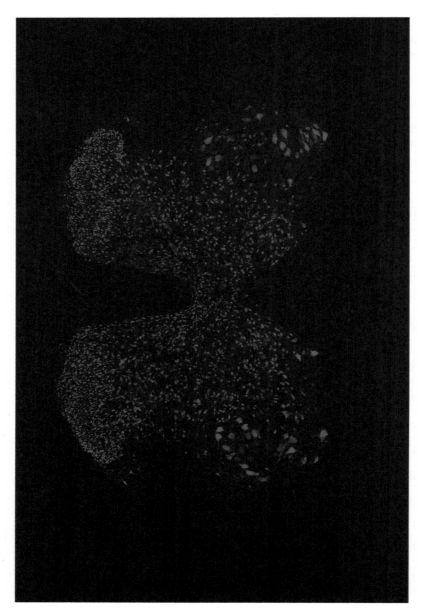

图 3-64　Wistar 大鼠脊髓腰 2 节段（L$_2$），10 x

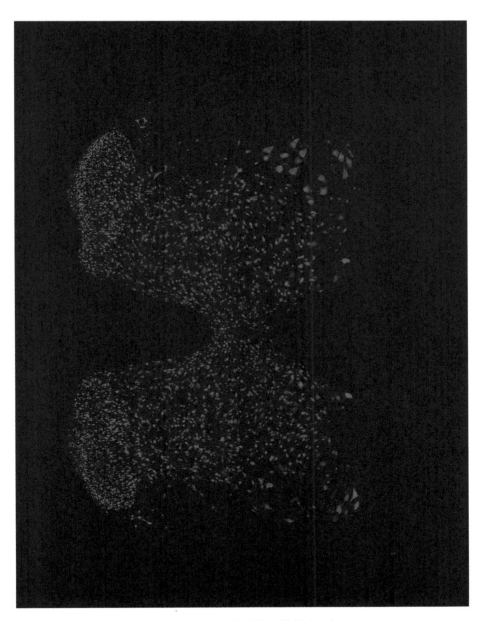

图 3-65　Wistar 大鼠脊髓腰 3 节段（L$_3$），10 x

图 3-66　Wistar 大鼠脊髓腰 4 节段（L_4），10 x

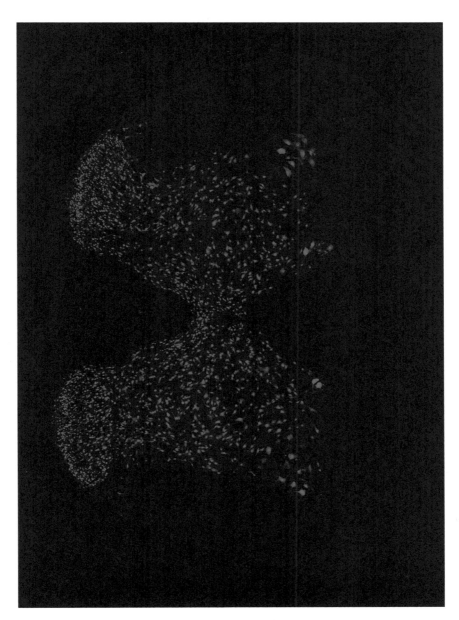

图 3-67 Wistar 大鼠脊髓腰 5 节段（L$_5$），10 x

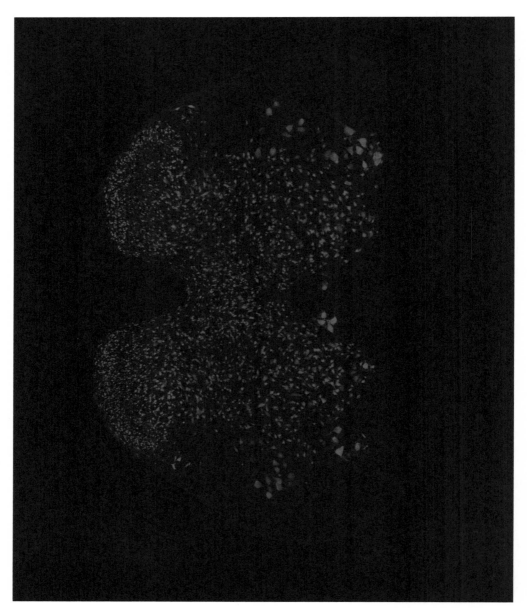

图 3-68 Wistar 大鼠脊髓腰 6 节段（L_6），10 x

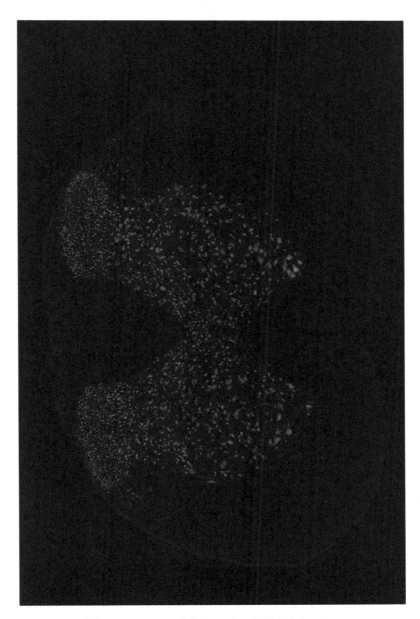

图 3-69 Wistar 大鼠脊髓骶 1 节段（S$_1$），10 x

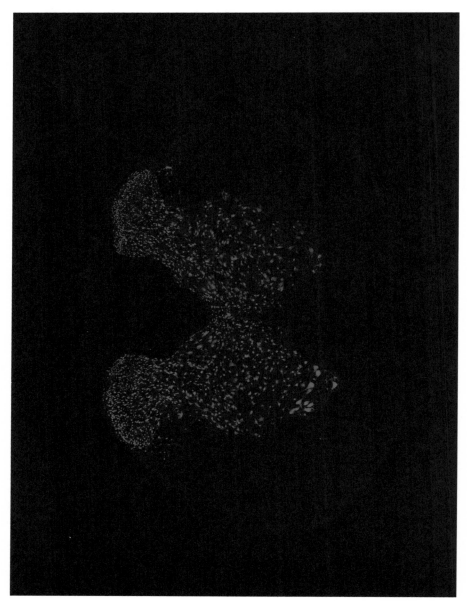

图 3-70　Wistar 大鼠脊髓骶 2 节段（S$_2$），10 x

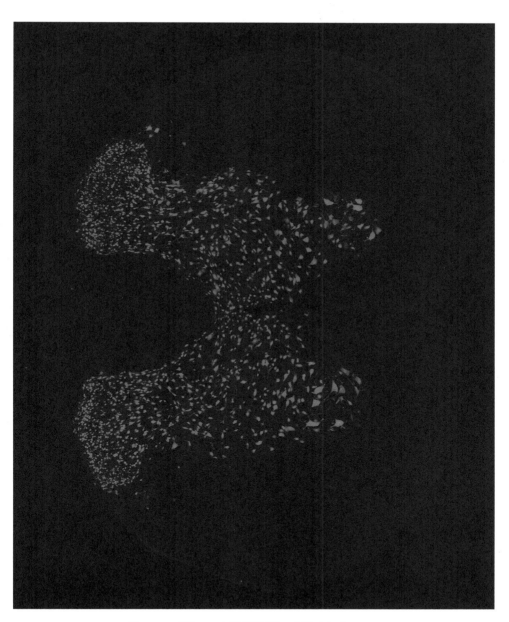

图 3-71　Wistar 大鼠脊髓骶 3 节段（S$_3$），10 x

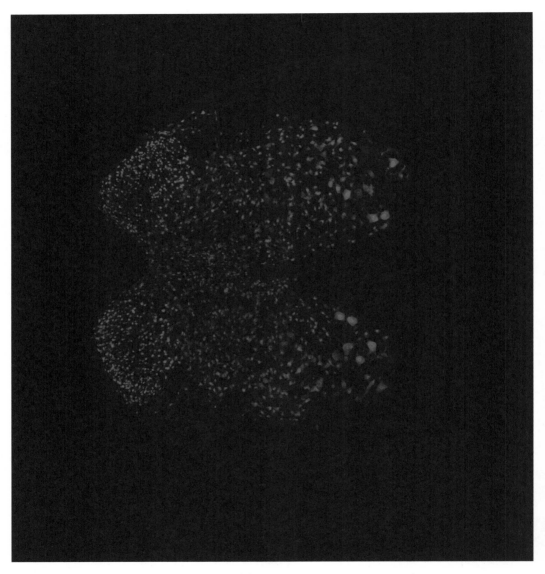

图 3-72　Wistar 大鼠脊髓骶 4 节段（S$_4$），10 x

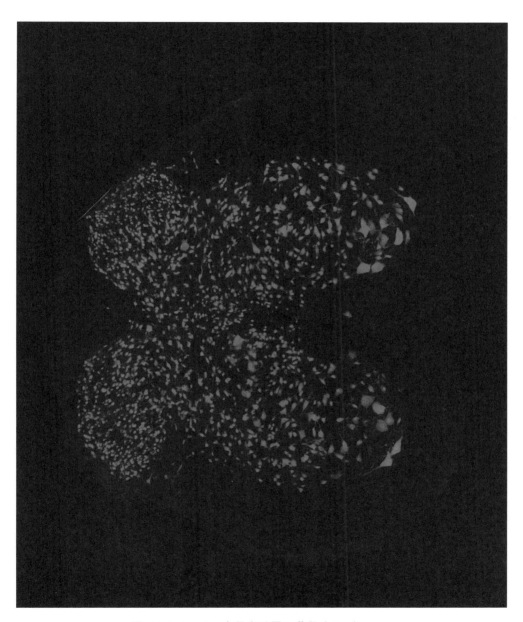

图 3-73　Wistar 大鼠脊髓尾 1 节段（Co_1），10 x

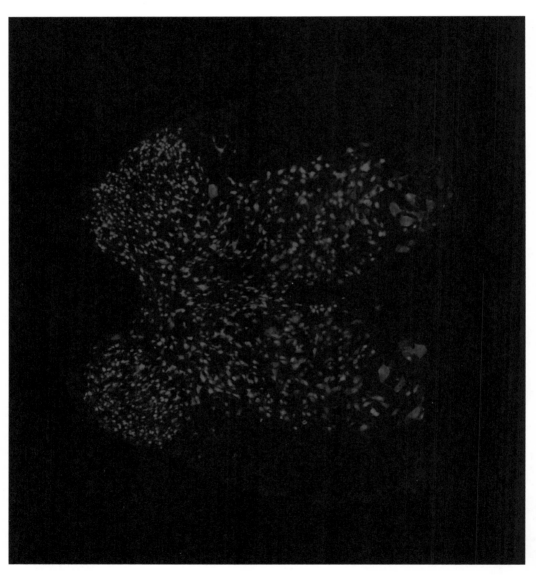

图 3-74 Wistar 大鼠脊髓尾 2 节段（Co_2），10 x

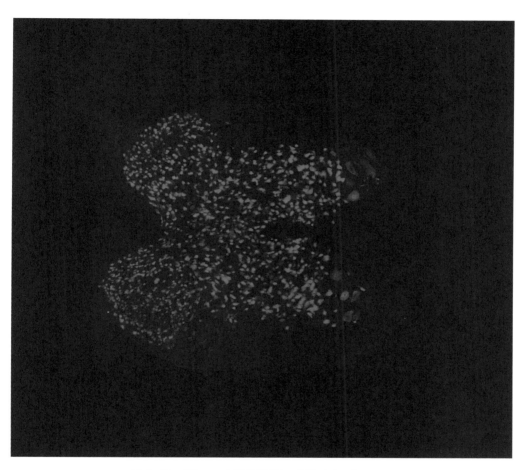

图 3-75　Wistar 大鼠脊髓尾 3 节段（Co_3），10 x

第五节 脊髓不同节段星形胶质细胞形态与分布图
（免疫荧光 GFAP 染色）

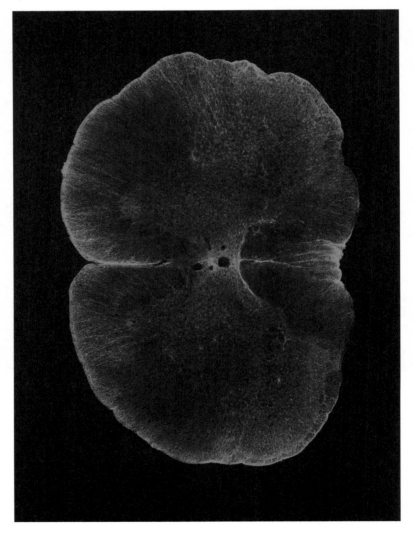

图 3-76 Wistar 大鼠脊髓颈 1 节段（C_1），10 x

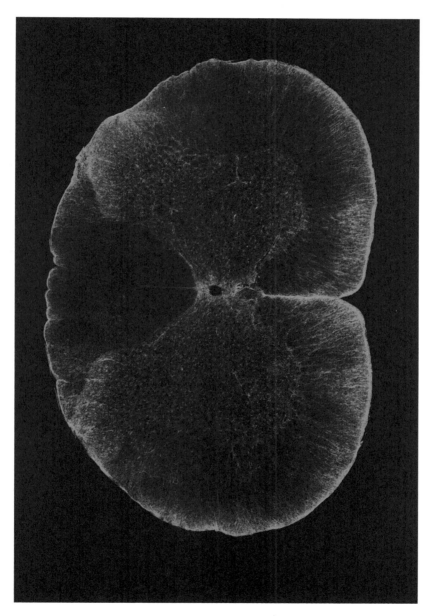

图 3-77 Wistar 大鼠脊髓颈 2 节段（C_2），10 x

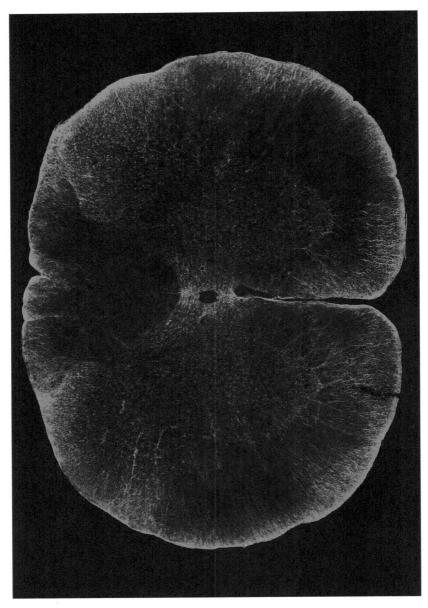

图 3-78　Wistar 大鼠脊髓颈 3 节段（C$_3$），10 x

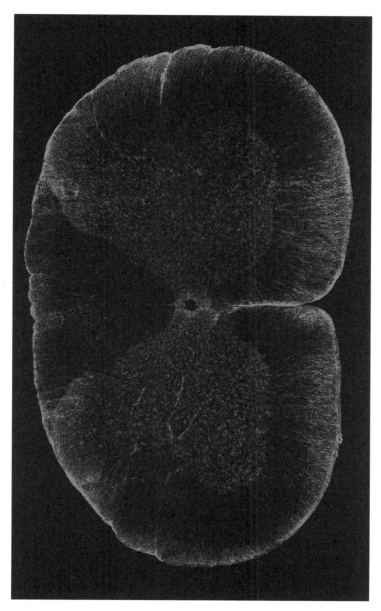

图 3-79　Wistar 大鼠脊髓颈 4 节段（C$_4$），10 x

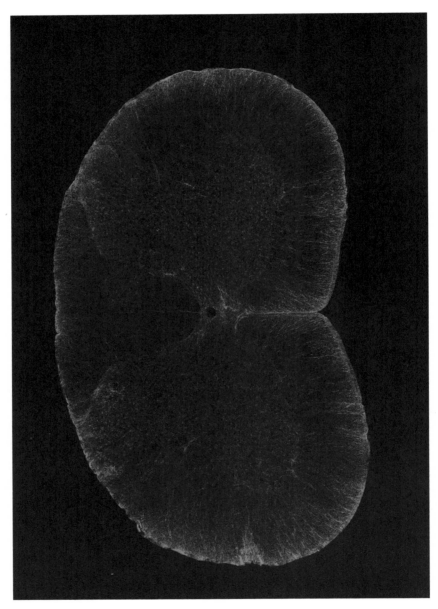

图 3-80　Wistar 大鼠脊髓颈 5 节段（C$_5$），10 x

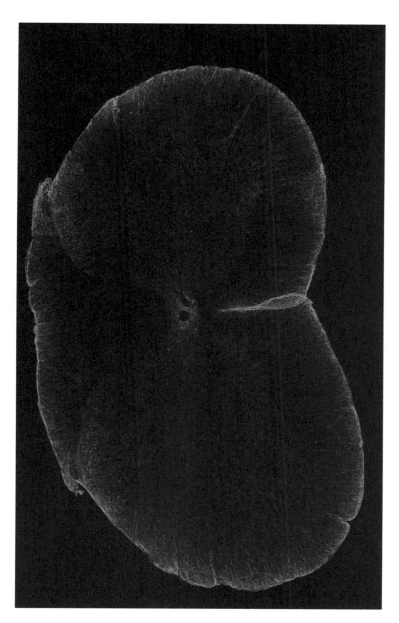

图 3-81　Wistar 大鼠脊髓颈 6 节段（C_6），10 x

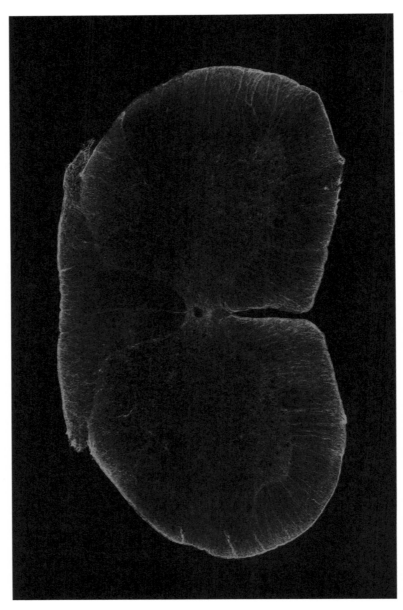

图 3-82　Wistar 大鼠脊髓颈 7 节段（C$_7$），10 x

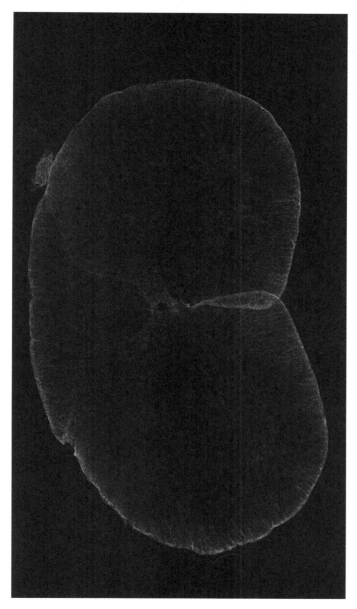

图 3-83　Wistar 大鼠脊髓颈 8 节段（C_8），10 x

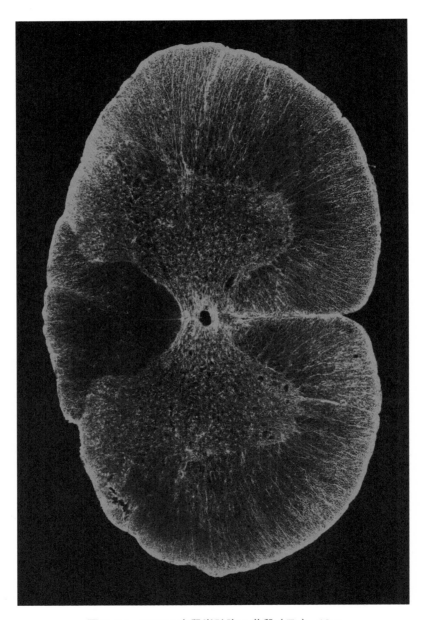

图 3-84　Wistar 大鼠脊髓胸 1 节段（T$_1$），10 x

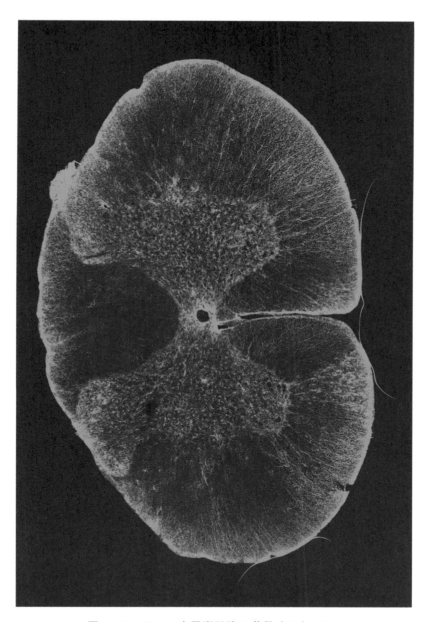

图 3-85 Wistar 大鼠脊髓胸 2 节段（T$_2$），10 x

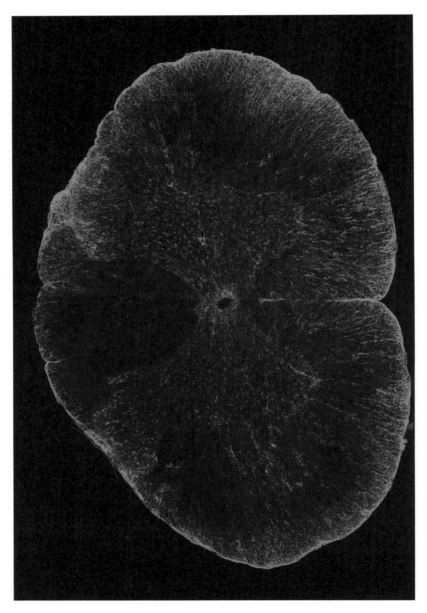

图 3-86　Wistar 大鼠脊髓胸 3 节段（T$_3$），10 x

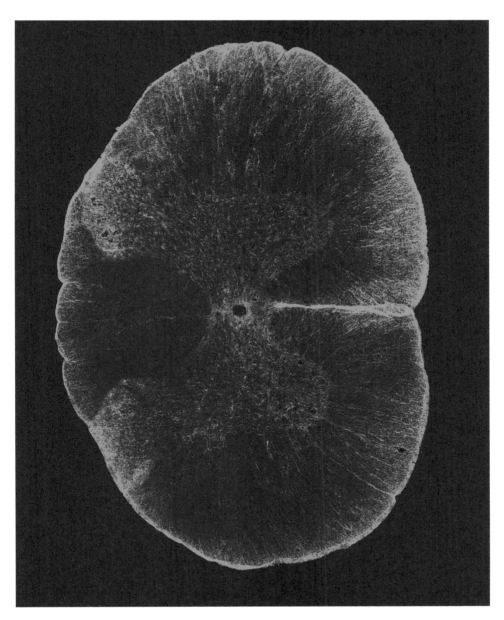

图 3-87　Wistar 大鼠脊髓胸 4 节段（T$_4$），10 x

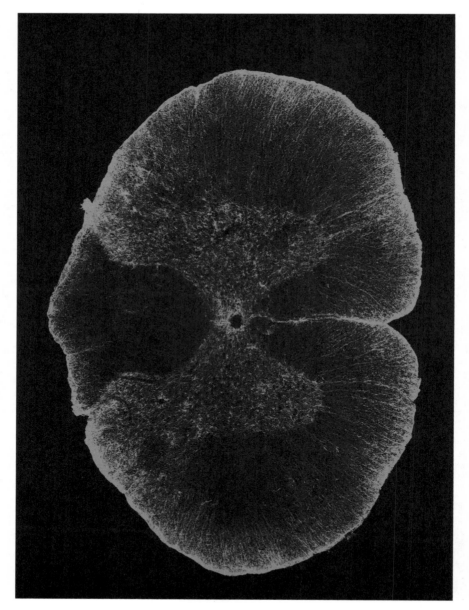

图 3-88 Wistar 大鼠脊髓胸 5 节段（T₅），10 x

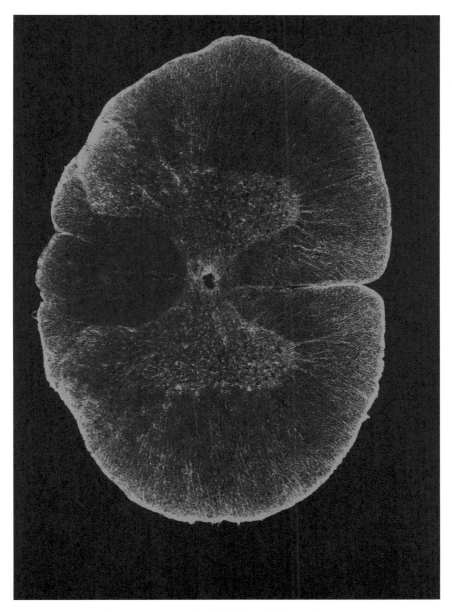

图 3-89　Wistar 大鼠脊髓胸 6 节段（T_6），10 x

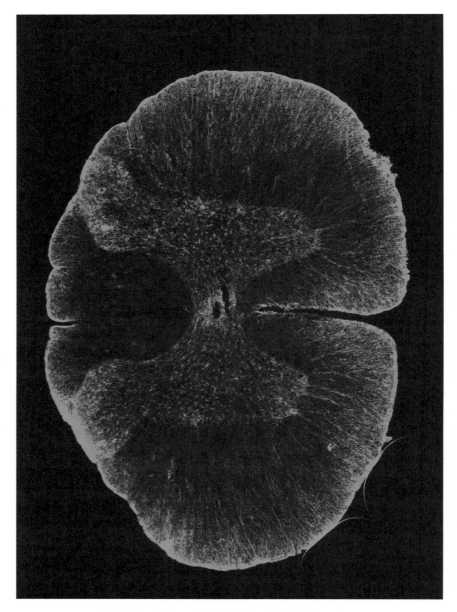

图 3-90　Wistar 大鼠脊髓胸 7 节段（T$_7$），10 x

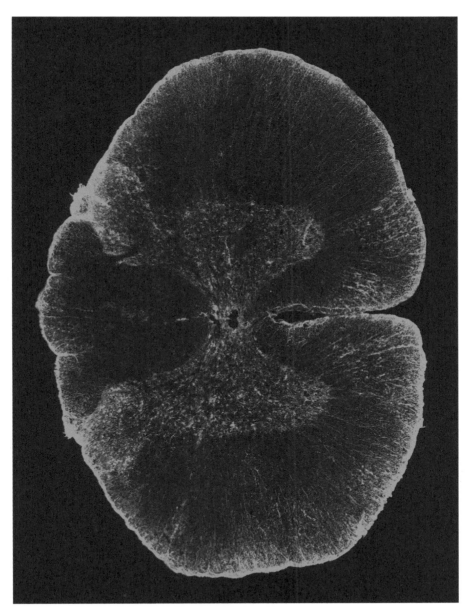

图 3-91　Wistar 大鼠脊髓胸 8 节段（T$_8$），10 x

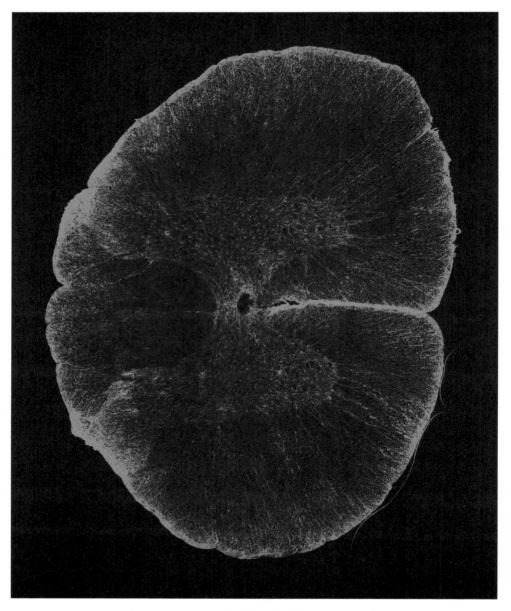

图 3-92　Wistar 大鼠脊髓胸 9 节段（T$_9$），10 x

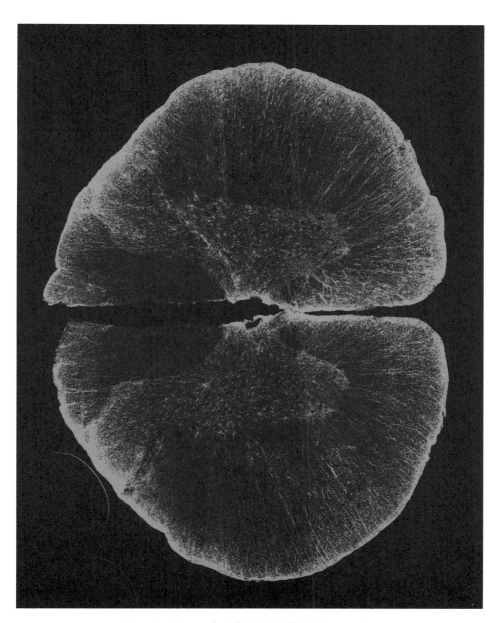

图 3-93　Wistar 大鼠脊髓胸 10 节段（T_{10}），10 x

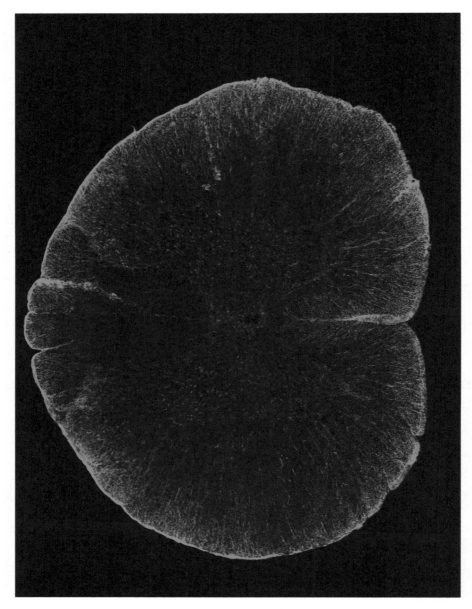

图 3-94　Wistar 大鼠脊髓胸 11 节段（T_{11}），10 x

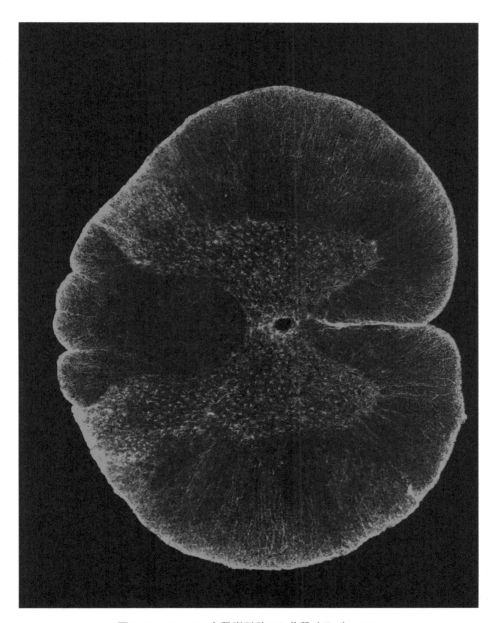

图 3-95　Wistar 大鼠脊髓胸 12 节段（T$_{12}$），10 x

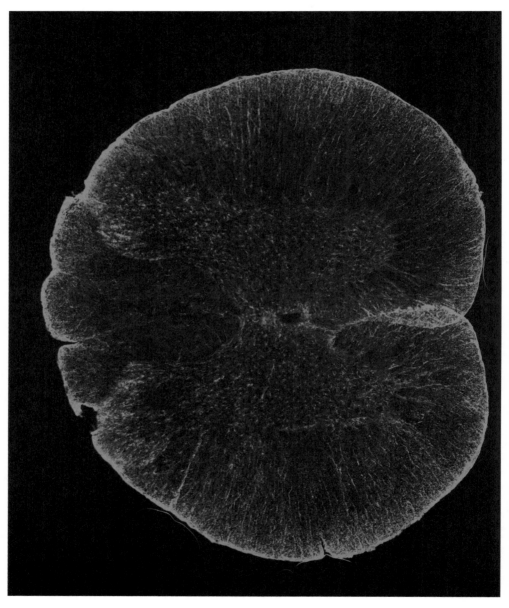

图 3-96　Wistar 大鼠脊髓胸 13 节段（T$_{13}$），10 x

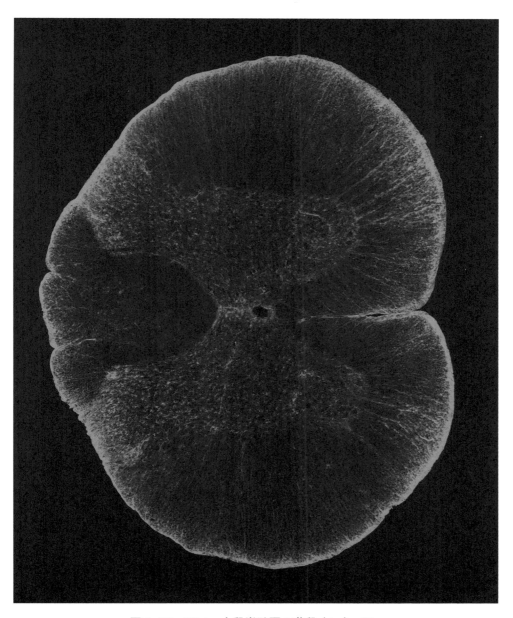

图 3-97　Wistar 大鼠脊髓腰 1 节段（L$_1$），10 x

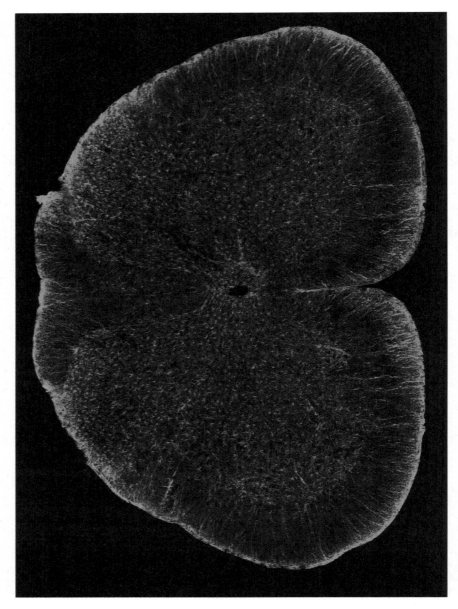

图 3-98　Wistar 大鼠脊髓腰 2 节段（L$_2$），10 x

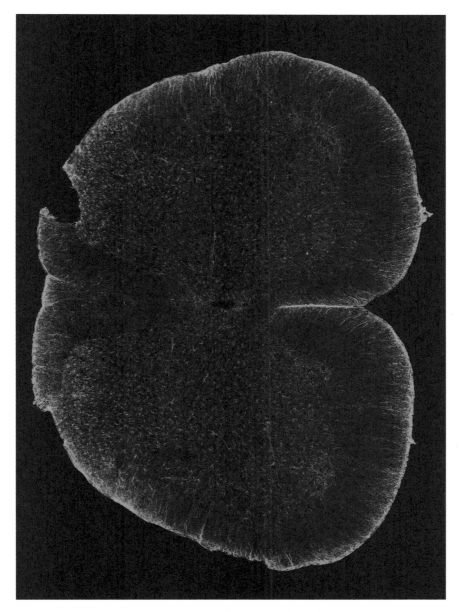

图 3-99 Wistar 大鼠脊髓腰 3 节段（L_3），10 x

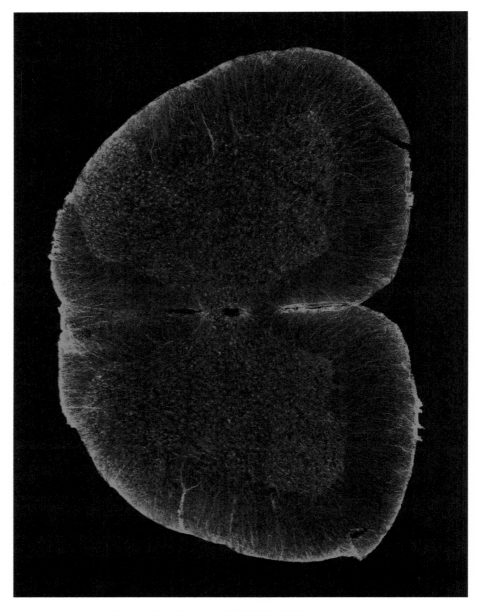

图 3-100　Wistar 大鼠脊髓腰 4 节段（L$_4$），10 x

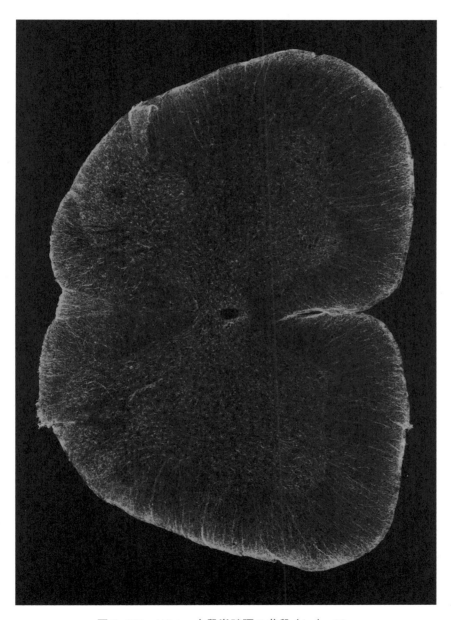

图 3-101　Wistar 大鼠脊髓腰 5 节段（L_5），10 x

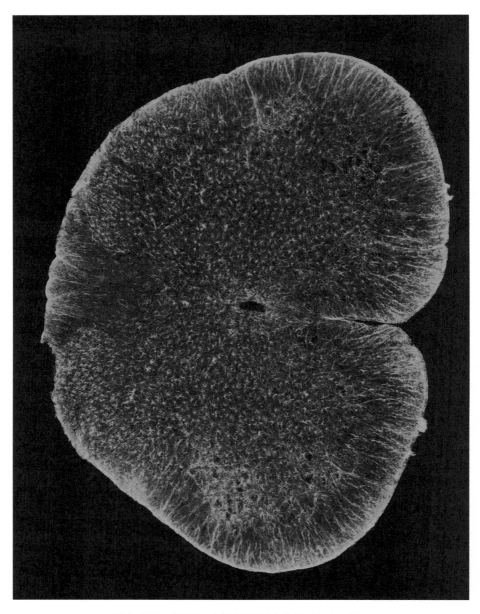

图 3-102　Wistar 大鼠脊髓腰 6 节段（L$_6$），10 x

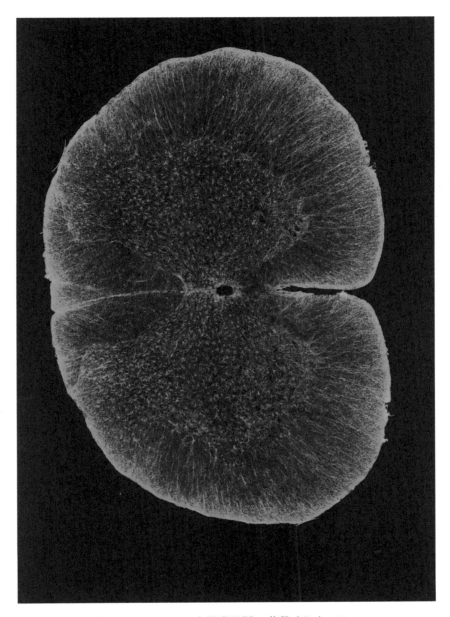

图 3-103　Wistar 大鼠脊髓骶 1 节段（S_1），10 x

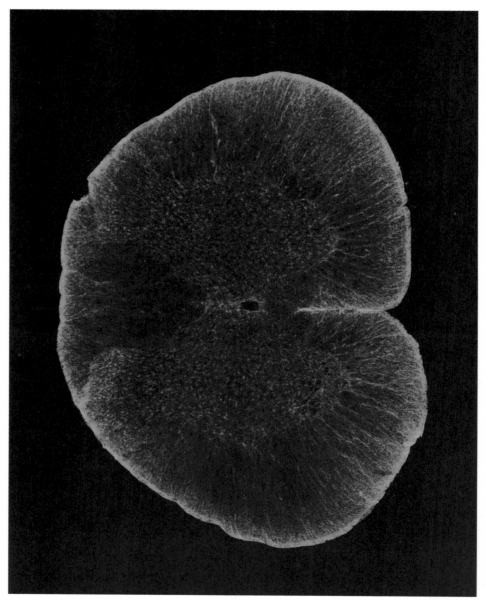

图 3-104　Wistar 大鼠脊髓骶 2 节段（S_2），10 x

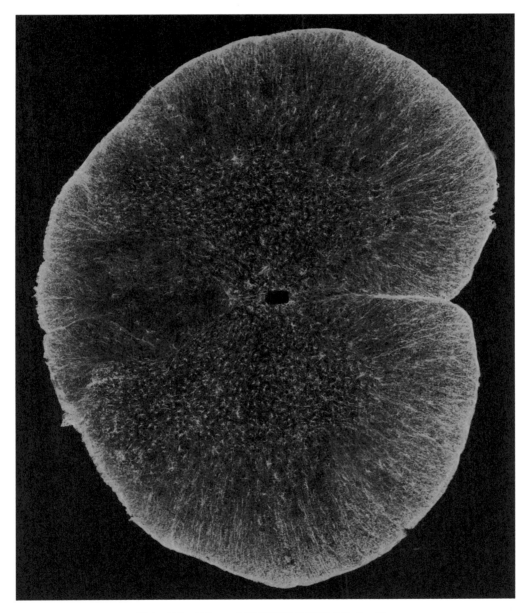

图 3-105　Wistar 大鼠脊髓骶 3 节段（S_3），10 x

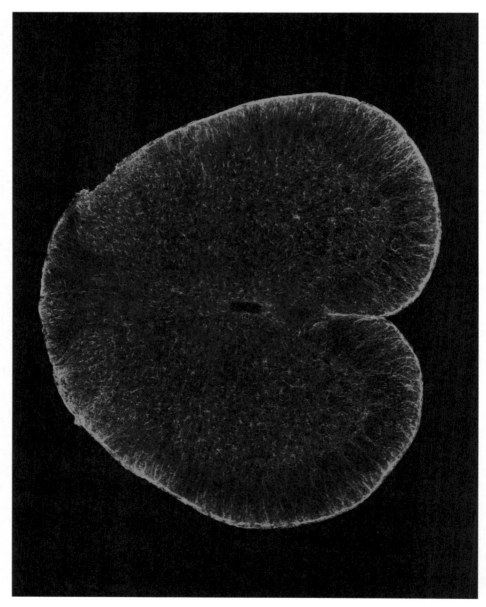

图 3-106 Wistar 大鼠脊髓骶 4 节段（S₄），10 x

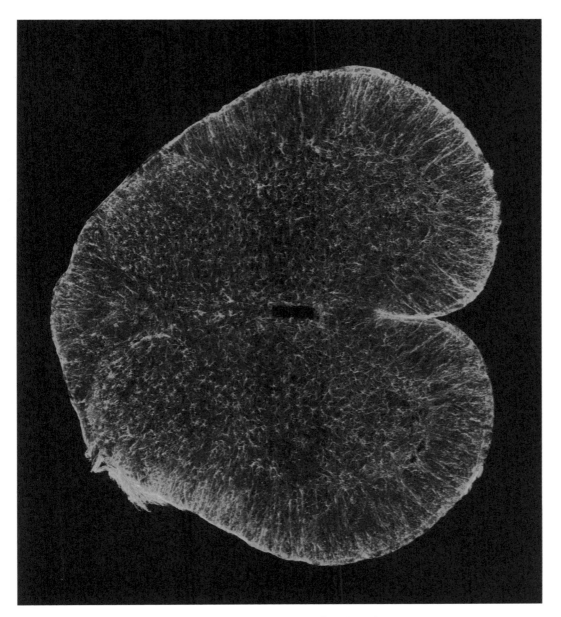

图 3-107　Wistar 大鼠脊髓尾 1 节段（Co_1），10 x

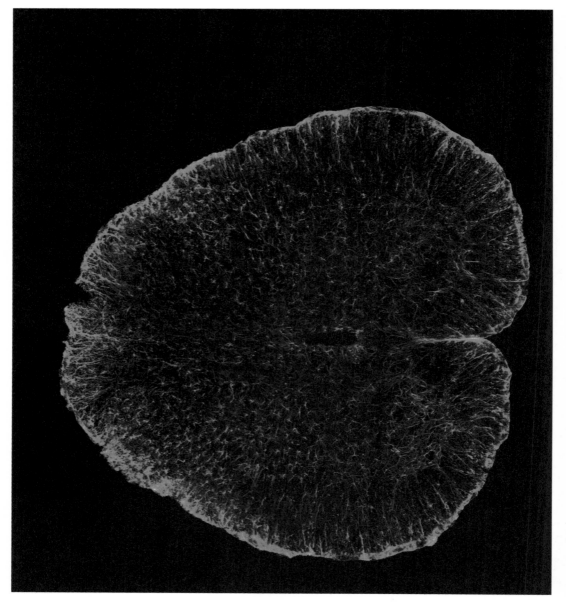

图 3-108 Wistar 大鼠脊髓尾 2 节段（Co_2），10 x

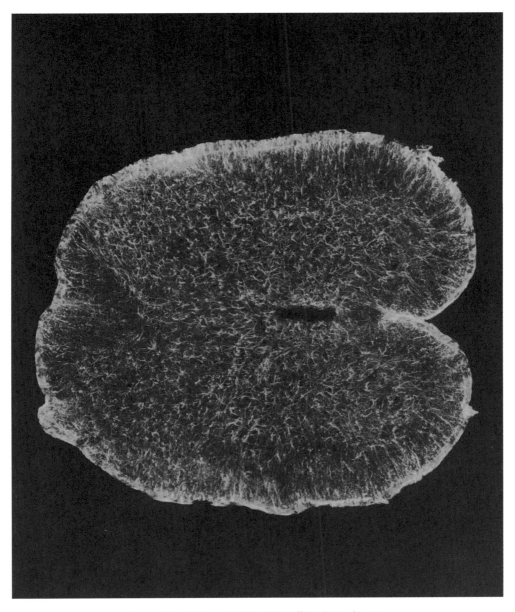

图 3-109 Wistar 大鼠脊髓尾 3 节段（Co_3），10 x